기억이
머무는 밤

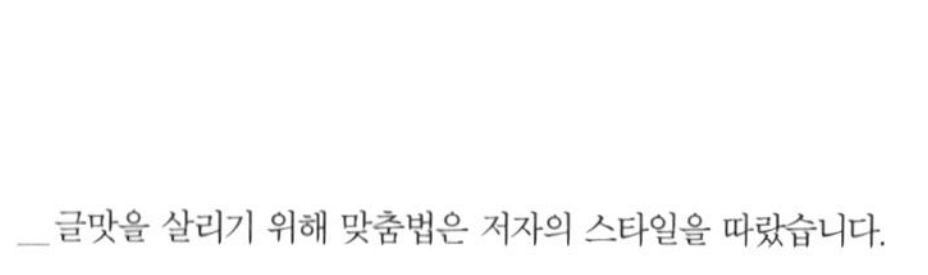

현 동 경 여 행 에 세 이

stay in my memory

기억이
머무는 밤

사람의 향기와
시간의 그리움을 좇으며

차례

프롤로그— 언젠가 함께였던 밤 10

첫 번째 밤— 사라지는 것들에 대하여 20

두 번째 밤— 당신과 나 22

세 번째 밤— 더해 가는 일상 비워 가는 여행 24

네 번째 밤— 계절 28

다섯 번째 밤— 그녀와 나의 시간 30

여섯 번째 밤— 대낮의 달 38

일곱 번째 밤— 고인 물 40

여덟 번째 밤— 우리가 살아가기 힘이 드는 이유 42

아홉 번째 밤— 당연한 일을 하는 것 48

열 번째 밤— 기억의 미화 52

열한 번째 밤— 스치는 사람을 잡을 줄 알아야 인연이 된다 54

열두 번째 밤— 그런 날 58

열세 번째 밤— 시골과 도시 62

열네 번째 밤— 낡은 운동화 68

열다섯 번째 밤— 나뭇잎 70

열여섯 번째 밤— 모순 72

열일곱 번째 밤— 한 번쯤 해 보는 일 76

열여덟 번째 밤— 시선을 잃는다 79

열아홉 번째 밤— 지금은 알 수 없는 일 82

스무 번째 밤— 오늘도 오늘이 지나간다 84

스물한 번째 밤— 사막모래 88

스물두 번째 밤— 세상의 관심은 그리 크지 않다 91

스물세 번째 밤— 세계 94

스물네 번째 밤— 내가 하는 사랑 96

스물다섯 번째 밤— 괜찮다 믿어 왔던 것들 98

스물여섯 번째 밤— 뒷모습 100

스물일곱 번째 밤— 낡아 가는 것 104

스물여덟 번째 밤— 책 한 권 108

스물아홉 번째 밤— 모든 것은 문고리를 돌리는 것으로부터 111

서른 번째 밤— 창문 너머에 114

서른한 번째 밤— 익숙해지지 않는 것 116

서른두 번째 밤— 기억을 꺼내어 읽는 것 118

서른세 번째 밤— 거리의 노인들 123

서른네 번째 밤— 그 어느 바다의 하루 126

서른다섯 번째 밤— 동행 129

서른여섯 번째 밤— 서정적인 그대를 동경하는 이의 추억 134

서른일곱 번째 밤— 도무지 알다가도 모르겠어 136

서른여덟 번째 밤— 균형 142

서른아홉 번째 밤— 야경 없는 삶에 대하여 144

마흔 번째 밤— 내가 살아가는 세상 152

마흔한 번째 밤— 배인 154

마흔두 번째 밤— 받아들이는 연습 156

마흔세 번째 밤— 언젠가의 일기 : 용기의 단상 162

마흔네 번째 밤— 스위치 166

마흔다섯 번째 밤— 느리게 걷는 법 168

마흔여섯 번째 밤— 체념 174

마흔일곱 번째 밤— 시간 176

마흔여덟 번째 밤— 싫어할 권리 178

마흔아홉 번째 밤— 나의 그녀는 182

쉰 번째 밤— 순수한 마음을 알아보는 것 185

쉰한 번째 밤— 겨울 밤의 달 188

쉰두 번째 밤— 싫어하는 사람이 내가 될까 봐 190

쉰세 번째 밤— 여행, 사랑 그 두 개가 엉키면 인생이겠죠 195

쉰네 번째 밤— 깊은 바다 200

쉰다섯 번째 밤— 커피처럼 살면 좋겠다 202

쉰여섯 번째 밤— 보이는 것만이 전부는 아니다 206

쉰일곱 번째 밤— 마음의 온도계 208

쉰여덟 번째 밤— 내 집이 아닌 곳에 집이 생겼다 212

쉰아홉 번째 밤—　새벽을 향해 가는 밤 216

예순 번째 밤—　막연한 기대 218

예순한 번째 밤—　그럴 나이 222

예순두 번째 밤—　숨겨진 달 226

예순세 번째 밤—　늘 먹던 걸로 228

예순네 번째 밤—　고통 234

예순다섯 번째 밤—　상처 236

예순여섯 번째 밤—　사는 게 심심하면 사고를 쳐 240

예순일곱 번째 밤—　설레는 마음을 잊는다는 건 244

예순여덟 번째 밤—　발밑의 하늘 252

예순아홉 번째 밤—　검사받는 일기 254

일흔 번째 밤—　너에겐 쉽지만 내겐 어려운 말 258

일흔한 번째 밤—　내가 바라는 건 262

일흔두 번째 밤—　외면당한 외로움 264

일흔세 번째 밤—　가장 공개적으로 은밀한 곳 269

일흔네 번째 밤—　표현이 마음을 못 따라갈 때 272

일흔다섯 번째 밤—　낭만 276

일흔여섯 번째 밤—　불완전한 것들 278

에필로그—　녹슬지 않는 밤 286

언젠가
함께였던
밤

　그 언젠가 다시 만나자고 한 약속은 어쩌면 무지개를 기약하는 것과 다름이 없으나 이따금씩 떠올릴 순간의 그리움을 위해 나는 열심히도 네모난 세상에 순간을 담았다.

잔뜩 낡아 버린 신발과 해진 옷들 사이 언제 꺼내 보아도 그대로일 것이라 믿었던 사진은 애석하게도 때때로 거짓말을 했다. 그러나 그 한 장에 녹아 있는 감정과 온도를 머금은 기억은 언제나 머물다 가는 것이기에 구태여 붙잡지 않기로, 의연한 척하며 글을 적어 갔다.

그렇게 쌓아 온 글에는 '사람'이란 말이 '여행'의 딱 곱절만큼 나온다. 이제는 습관처럼 네모난 세상을 들여다보거나 누군가에게 쉬이 떠남을 권하지 않고 그저 사람을 위한 여행을 한다. 이 책에는 그 여행길 위에서 언젠가 함께였던 시간을 위한 글들을 적고자 하는 마음을 담았다.

사라지는 것들에 대하여

나는 사라지는 것들에 대한 미련이 강한 편이다. 때문에 아날로그와 디지털 사이에서만큼은 부러 길을 잃는다.

이제는 구글 지도가 없는 여행은 상상할 수 없으나 디지털이 사라진 시간 속에 사람들과 함께 고립되는 것을 즐기고, 배낭 속에서 랩톱을 빼낼 용기 따윈 없으면서 만년필과 종이의 마찰음 또한 버리지 못하고 기어이 모든 걸 짊어져야만 속이 편하다.

지갑에는 동전 한 닢 들어 있지 않음에도 길거리 공중전화를 보면 괜히 찍어 두고 싶은 버릇이 있고, 이어폰을 두고 지하철에 타는 것을 끔찍하게 여기면서 마음 한 켠에는 LP판에 대한 낭만을 간직하며 산다.

끊임없이 되뇌지 않으면 잊혀지는 기억처럼, 찾지 않으면 사라질 것들을 위해 나는 여전히 또렷한 색을 내는 모니터를 앞에 두고 빛바랜 종이를 손에 잡는다.

당신과
나

세상은 수많은 이야기와 그것을 표현하는 글자로 이루어져 있다. 지금 이 순간에도 누군가는 계속해서 무언가를 써 내려갈 것이고 그것을 이루는 한 자 한 자의 글자를 줄 세워 놓으면 지구를 수백 바퀴 혹은 그 이상을 거뜬히 감쌀지 모른다.

이렇게나 많은 글자 속에 당신이 내 이야기를 읽는다는 것은 참으로 행운이다. 만날 사람은 만나게 되어 있다고 하지 않던가. 그래, 어쩌면 이조차 인연일지 모른다.

더해 가는 일상
비워 가는 여행

누군가 그림은 덧셈, 사진은 뺄셈이라 했다. 하얀 도화지 위에 수많은 선을 하나씩 채워 나가는 그림처럼 우리의 일상 역시 끊임없이 무언가를 채워 나가는 모습이 꼭 덧셈만 같다. 반대로 꽉 채워진 프레임 안에서 불필요한 요소를 하나씩 제거해 가는 사진과 같이 어지럽게 뒤엉킨 삶의 배경에서 자기 자신을 하나씩 빼내어 길 위에 온전히 홀로 서게 되는 여행은 꼭 뺄셈 같기도 하다.

그런데 왜인지 우리의 삶은 비워 내는 것이 더 어려운 것 같다. 순간의 관심을 얻는 것보다 헤어나는 것이 힘들고, 배낭 가득 필요한 짐을 꾸리는 것보다 없어도 될 물건을 가리는 것이 어렵고, 추억을 만드는 것보다 잊는 것이 아파서 기껏

채워 놓은 일상을 비워 내기 위해 떠난 여행길은 언제나 고
되다.

그래서일까. 여전히 내 배낭은 무겁기만 하고 머릿속은 복잡
하며 스치는 이의 시선을 마음에 두고 가슴 한편엔 쉽사리
잊히지 않는 누군가가 있는 것만 같다. 고작 사흘 남짓 떠나
는 여행에도 온갖 것을 배낭에 욱여넣어 가며 잠깐의 불편함
을 피하고자 하다가 결국엔 일상을 그대로 짊어지고 떠나게
돼 버린 나의 지난날처럼 말이다.

그러다 문득 떠나는 시간이 길어질수록 줄어드는 내 배낭의
무게만큼 딱 그만큼 일상에서 한 걸음씩 벗어나는 것 같다
는 생각이 든 것은 불과 며칠 밤 사이의 일이다. 어쩌면 불편
함을 감수하고 빼내어지는 배낭 속 무언가처럼 어지럽게 뒤
엉킨 삶 속에서 나를 있는 그대로 뺄셈할 수 있을 때, 그때서
야 비로소 일상에 돌아와 더 많은 것을 더할 수 있을지도 모
른다. 나는 앞으로 얼마나 덜어 내고 담아 가는 것을 반복하
며 살아갈까. 그간 여러 수식어를 붙여 가며 나 자신을 여행
에 그대로 가져가기 바빴던 나는 앞으로 내려놓는 것에 얼마
나 과감할 수 있을까. 나는 여전히 잘 모르겠다.

계절

어제는 거세게 겨울이 내렸다가
오늘은 봄이 은근히 불어온다.

이처럼 변덕스러운 계절의 마음은
저를 잊지 말라는 몸부림이겠거니

나는 기꺼이 그 마음을 잊지 않기로 했다.

그녀와
나의
시간

그러니까 지금으로부터 스무 해 하고도 몇 년 전 우리 할머니 환갑 즈음에 내가 태어났다. 장남의 첫 딸이니 얼마나 귀하고 예뻤을까. 돌아가신 할아버지와 함께 여전히 내 엄마 역할을 해 주고 계신 우리 할머니는 물리적 부모 역할만을 다한 엄마와 아빠의 부재를 최대한 느끼지 못하도록 나를 지극정성으로 키우셨다.

세상에서 내가 가장 사랑하는 그녀는 어릴 적 일본에서 태어나 해방 이후 한국으로 건너왔다. 내게는 증조부 되시는 할머니의 아버지께서 일본에서 사업을 하셨고 사업 문제로 한국에 돌아오게 되었을 때 그녀는 굉장히 서운했다고 했다. 비록 흐린 기억이긴 해도 내가 어렸을 적에 그녀는 드라마 속에 나오는 일본 말을 곧잘 설명해 주곤 했다. "할머니는 어떻게 수학을 잘해? 옛날엔 학교 없었잖아." 하고 물으면 시선을 어딘가에 고정하고선 한국으로 돌아오지 않았다면 그 옛날에 고등교육까지 받았을 것이라 했다. 그런 그녀에게 고향을 떠나는 일이 그리 달갑지 않았을 거란 것은 어린 시절의 나 또한 이해할 수 있었다.

그녀는 어린 나이에 내 조부와 결혼을 했고 아들 둘에 딸 넷을 낳았다. 다섯의 핏덩이가 성인이 되기까지 하나의 생명이 하늘로 떠났고 한국전쟁과 군사정변이 일어났으며 학생들의 혁명과 올림픽이 있었다. 그중 첫째 아들이 내 아버지가 되기까지 2차 교육 과정이 6차 교육 과정으로 바뀌었고 IMF가 많은 사람들의 삶을 무너트렸으며 대통령은 네 번이나 바뀌었다. 그리고 그녀는 그 긴 세월 동안 고향에 한 번도 발을 딛지 못했다. 어쩌면 그녀에게는 지난 25년간 수많은 기회가 있었을지 모른다. 그러나 그녀는 그 긴 시간 동안 모든 것들을 오직 내게만 쏟았다. 무심코 내뱉은 한마디를 잊지 않고 결국엔 해 주었던 게 우리 할머니니까. 그렇지 못한 것은 꼭 돈 많이 벌면 해 주겠노라 했던 게 그녀니까.

항상 그녀를 사랑한다 말하면서도 늘 내 자신이 우선이었던 이기적인 나는 빳빳하던 여권에 하나둘 스탬프가 늘어 가는 동안에도 그녀가 그리는 고향, 일본에 함께 갈 생각은 하지 못했다. 아니, 사실은 하지 않았던 걸지도 모른다.

70년. 그녀는 고향에 온 것이 70년 만이라 했다. 그 긴 세월 속 어느새 그녀는 지팡이에 의지해야 하는 나이가 되었지만 시내로 향하는 전철 밖을 향해 거둘 줄 모르던 그녀의 눈빛은 그 시절 15세 소녀와 다를 것이 없었다. 그러나 꿈은 언제나 찰나와 같아서 결코 짧지 않은, 거의 한 세기에 달하는 시간이 흐르는 동안 흐릿해진 기억 탓에 모든 게 확실하지 않다는 문제가 있었다. 그녀를 위해 떠나온 여행인데, 우리는 세월이란 이유 앞에 마음을 졸여야 했다.

나는 우리 할머니의 기억력은 분명 하루의 반나절 이상을 보내는 경로원 고스톱에 있다고 믿는다. 전날 밤 잠에 들기 전 그녀는 자신 없는 목소리로 내게 '상도'를 찾아보라 했다. 그 말에 빠르게 손가락을 움직였으나 애석하게도 구글 맵에 상도라는 지명은 없었다. 그리고 날이 밝은 후 나고야에서 멀

지 않은 곳에 '三鄕(산고)'라는 곳이 있다는 사실을 알게 되었
다. 그녀의 고향 이름은 상도가 아니라 '산고'였다. 밤새 삽질
을 했다는 것은 믿고 싶지 않았지만 그녀의 표정은 그 모든
수고를 기꺼이 감당케 했다.

우리는 기차를 타고 70년 전 할머니의 기억과 70년 후 현재
의 구글 맵에 의존해 여행을 시작했다. 마치 과거로의 여행을
떠나는 기분이랄까. 할머니의 고향은 나고야 안에서도 외진
곳에 있는 주택단지에 불과해 정보랄 것이 하나도 없어 가는
내내 긴장을 했다. 혹시나 하는 마음에. 그런 마음을 알아챈
건지 혹은 나랑은 다른 뜻으로 그녀 역시 마음을 졸이고 있
던 건지 그녀는 내 두 손을 꼭 잡았다. 순간 마음이 아려 왔
다. 이유는 나도, 이 글을 읽고 있는 누군가도 그리고 할머니
도 모두 알 수 있으리라 믿는다.

기차역에 내리자 그녀는 내 손을 뿌리치며 지팡이를 내게 쥐
여 주곤 앞장서 걷기 시작했다. 마치 시장에 들렀다 집에 돌
아가는 것처럼 너무나 익숙한 걸음으로. 무슨 기분일까. 반년
만 발길이 멈춰도 그렇게 반갑게 느껴지는 고향인데 70년이
란 세월은 과연 무슨 기분일까. 내가 감히 짐작도 못할 그 기

분은 어떤 걸까.

"여기는 우리 집이 있었어. 여긴 내 친구가 살았는데 지금은
어디 있는지 모르겠다."
"여기는 네 증조 할아버지 그러니까 우리 아버지가 내 손을
잡고 산책을 나오셨던 곳이야."
"오다가 학교 봤지? 거기서 여기까지 항상 자전거를 타고 다
녔다."

그녀는 동네 곳곳을 걸으며 내게 일일이 설명을 했다. 내가
초등학생 시절 하교를 하고 하루 일과를 말하는 모습이 꼭
저랬을까 싶었다. 크고 작은 건물이 생겨나고 사라졌을지라
도 다행히 동네 큰 터 자체가 바뀌진 않은 모양이었다. 한참
을 힘 있는 목소리로 내게 이야기를 들려주던 그녀는 길지 않
은 시간 동안 말을 멈추었다. 나도 애써 말을 꺼내지 않았다.

"이제 죽어도 될 것 같아. 항상 70년 전 모습이 아른거렸는
데, 이렇게 변한 걸 봐서 이제는 눈감을 수 있겠어. 고마워
동경아."

그녀의 말에 코끝이 찡해지는 걸 겨우 참아 냈다. 울고 싶은 것은 내가 아니라 그녀였을 테니까. 나는 그저 그녀의 기억에 감사했고 그녀의 시간 안에 함께했다는 것이 감사했다. 동시에 나는 아무래도 그녀 없이는 평생 나고야에 다시 오지 않을 것 같다는 생각이 들었다.

그리움이란 단어에 한사코 연상되는 몇 가지가 있다면 첫사랑, 그때 그 시절, 그리고 고향이 아닐까. 70년의 시간 여행. 나와 그녀는 그날, 다른 시대, 다른 생각, 다른 기억으로 남게 될 시간 여행을 했다.

대낮의 달

은은함은 잃지 않는 빛을 낸다.

때로는 화려함에 가려져 그 빛을 숨길지언정 끝내 잃지 않고

아련할지라도 연약하지만은 않은 그런 빛.

너를 향해 품었던 마음이 꼭 그러했다.

마치 대낮에 떠 있는 달처럼.

고인
물

　　　　　　비가 부슬부슬 내리는 날, 우산이 없어
도 목적지를 향해 발 디딜 방법은 분명히 있다. 처마 밑에 숨
기도 하고 무작정 달려 보기도 하다가 누군가의 우산 속에
서로의 어깨를 한 뼘씩만 내주며 그렇게 조금씩 걷다 보면
결국엔 목적지에 다다르기 마련이니 말이다. 고작 옷가지나
신발이 젖는 것이 싫어 주춤하다 보면 결국 거리에 남은 이
는 어쩌면 고인 물에 흐릿하게 비춰지는 내 자신뿐일지도 모
른다.

우리가 살아가기
힘이 드는 이유

언젠가부터 우리는 '살기 싫다'는 말을 아침 인사처럼 내뱉고 '죽고 싶다'는 말을 하루에 수십 번 들으면서도 아무런 심각성을 느끼지 못하며 살아가고 있다. 왜일까. 스스로 정말 살기 싫어서 하는 말이 아니라서? 혹은 당장 죽을 만한 배짱이 있는 사람이 아니라서?

하루는 친구 I가 말했다. "요즘은 점점 대충 사는 게 당연시되는 것 같아." 나는 그녀의 말에 잠시 마음이 차분해졌다. 평소 심심한 말을 자주 하던 그녀였지만 이번만큼은 결코 틀린 말이 아니었다. '하고 싶은 것은 없고요, 그냥 놀고 싶습니다.' '아무것도 안 하고 있지만 더욱더 아무것도 안 하고 싶네요.' '제 꿈은 돈 많은 백수입니다.' 등 청춘이란 코르셋에 갑갑함을 느껴 본 사람이라면 한 번쯤은 들어 보고 내뱉어 봤을 말들.

열정을 강요당하며 살아가다 이제는 하나둘 그나마 남아 있던 에너지마저 소비해 버린 청년들. I의 말처럼 구태여 열심히 살 필요가 없어져 버린 듯한, 먼지처럼 살겠노라 말해도 그 누구 하나 미간을 찌푸리지 않는 세상. 배낭 메고 먼 길 떠나온 한국인들의 마지막 대화가 끝끝내 한숨일 수밖에 없는 이유.

얼마 전 '흙수저'를 비관한 스무 살의 대학생이 자살했다는 소식을 접했다. 이미 이 세상 사람이 아니게 되어 버린 그 친구의 사정을 마음으로 깊이 알 수는 없지만 그의 죽음에 있어 중요한 것은 '흙수저'가 아니었다. 그러나 온갖 매스컴은 그의 죽음의 서두를 '흙수저 비관'이라 도배했다.

어느 뉴스의 제목처럼 그가 비관한 것이 진정 흙수저였을까. 그의 지인은 페이스북에 이러한 글을 남겼다. '너를 질식시킨 것은 그놈의 흙수저가 아니라 고민을 털어놓아도 매번 소득 없이 돌아오는 공허한 말들이었을 텐데.'

나는 해가 거듭할수록 싫어하는 것도 마치 나이처럼 함께 늘어 갔다. 그것은 주로 대화나 말에 대한 것인데 대표적인 예는 오글거린다, 청춘, ~는 진리(혹은 항상 옳다), 너만 그런 것도 아니야 등이 있다. '오글거린다'는 말이 생겨난 후로 세상에 존재하던 많은 감성이 죽었다. '청춘'이란 말이 잦은 횟수로 온라인상에 오르내릴수록 그 나이를 옭아매는 코르셋이 되었고, '~는 진리(혹은 항상 옳다)' 등의 말이 유행어가 되면서 사람들의 싫어할 권리가 상실됐다. 그리고 '너만 그런 것도 아니야'라는 말 따위가 위로가 된 후로 개인이 느끼는 슬픔의 양마저 누군가와 경쟁해야 한다는 사실에 삶이 공허해졌다.

어쩌면 우리가 갈수록 살아가기 힘이 든 것은 해마다 물가가 오르고, 청년들의 취업이 어려워지고, 한 나라의 대통령이 세 살배기 꼬마의 인형만도 못한 꼭두각시임을 알게 된 것보다, 언젠가부터 앞에 앉은 사람의 고충에도 일말의 감정조차 동요되지 않고 오히려 그것을 들어주기 피곤한 일이나 감정 낭비쯤으로 여기며 사람 사는 것 다 똑같다는 정도로 받아들이고 있는 세상에서 살아가기 때문일지 모른다.

하고 싶은 것 하고 살아. 청춘은 원래 그런 거야. 스무 살? 좋을 때네. 그 정돈 힘든 게 아냐. 언젠가 잊힐 거야.

본인에겐 그저 상황을 모면하려 내뱉은 건조한 위로의 한마디가 누군가에게는 공허함을 부풀려 삶을 질식시킬 수도 있다는 것을 그들은 알았을까. 그리고 나를 포함한 우리가 이모든 것을 그저 '피곤하게 사네'쯤으로 치부해 버리고 살아가고 있다는 것을 언젠가는 알게 될까.

마치 어느 가을날 건조하게 말라 부스러져 버린 낙엽 같은 세상에서 오늘도 어제와 다를 바 없는 공허한 하루가 지나쳐 가는구나 하는 일기가 그만 쓰여질 날이 오긴 할까.

당연한 일을 하는 것

우리의 삶은 왜인지 '당연한 것'을 하는 것이 가장 어렵다. 학생으로선 공부가 가장 어렵고, 청춘으로선 하고 싶은 일을 하는 것이 가장 어렵고, 연인으로선 감정을 숨기지 않는 것 그리고 자식으로선 있을 때 잘하는 것이 가장 어렵다.

우리 할아버지는 무능한 아빠를 대신해 할머니와 함께 나를 키우셨다. 눈이 오나 비가 오나 나를 낡은 자전거 뒤에 태워 유치원에 데려다주고 데려오길 몇 년이고 반복하셨고, 내가 원하는 건 본인 능력선에서 무엇이든 만들어 주셨다. 엄마 아빠 없이 자랐다는 이야기를 듣게 하기 싫어 밤이고 낮이고 나를 보살펴 주셨다.

할머니 할아버지 밑에서 자란 아이는 버릇이 없다는 속설이 있다. 나 또한 예외는 아니었다. 할아버지는 내게 아빠이자 친구였고 그 경계가 도를 넘을 때마다 삼촌은 나를 호되게 혼내곤 했다. 그런데 어느 날부터인가 그렇게 무섭던 삼촌이 나를 혼내는 일이 줄어들기 시작했다. 나는 내가 잘못한 게 없어서 그런 줄 알았는데 커서 알고 보니 어느 날 할아버지가 삼촌이 나를 혼내는 모습을 보시곤 뒤에서 남몰래 우셨다고 했다. 할아버지는 본인이 아닌 누군가의 손에 눈물을 보이는 나를 보는 게 싫으셨던 것이다.

시간이 흐르고 누구나 겪는 사춘기를 온갖 유난을 떨며 보냈던 나는 어느 순간부터 할아버지와의 대화를 거부했다. 그저 밥 먹으란 이야기를 하고자 했던 할아버지를 매몰차게 내쫓곤 했다. 그땐 그게 잘못인지 몰랐다. 그 당시엔 세상에서 친구들이 가장 좋았고 가족은 언제나 뒷전이었으니까. 그럼에도 할아버지는 내게 아침마다 천 원을 쥐어 주며 아침을 굶지 말라고 하셨다. 우리 할아버지는 언제나 그랬다.

하루아침에 사람이 어디까지 약해지는지 지켜본 적이 있는가. 그렇게 고집 강하고 건강하시던 할아버지가 한순간에 건

질 못하시고 가장 가까이에 있는 삼촌마저 못 알아보게 되셨을 때 할아버지는 그때에도 한사코 내 이름을 부르셨다고 했다. 대학 입시에 실패하고 재수를 위해 본가를 떠나 지내던 스무 살 어느 날, 할아버지는 그렇게 허무하게 내 곁을 떠나셨다. 생의 마지막까지도 내 이름을 부르시면서.

사랑하는 사람을 처음으로 떠나보낸 나는 자식으로서 당연한 것 한 가지를 영원히 놓쳐 버렸다.

아직도 할아버지는 내가 무언가 새로운 것을 할 때마다 꿈에 나와 그 먼 곳에서도 나를 챙기신다. 나 역시 힘들 때마다 허공에서 할아버지를 찾는다. 나는 할아버지에게 당연한 것을 하지 못했는데 당신은 당연하지 않은 것을 내게 주셨다.

어쩌면 '당연한 것'이라는 건 완벽히 채워질 수가 없는 것일지도 모른다. 아니 존재하지 않는 걸지도 모르겠다. 곱씹을수록 부족한 것만 생각나 마음을 소란히 만들고 기어코 후회를 만드니 말이다. 잔인하지만 이제 와서 내가 할 수 있는 것은 없다. 평생 그 사랑에 감사하고 당연한 것을 하지 못한 것에 아파할 줄 아는 사람이 되는 것밖에는.

기억의
미화

기억이 미화되는 순간,

종이 위에 떨어진 빗물처럼 슬픈 기억이 허공으로 흩날려

온전히 내 것인 외로움이 시작된다.

스치는 사람을
잡을 줄 알아야
인연이 된다

산토리니. 그 청량한 이름만으로도 수많은 사람들에게 설렘을 주는 곳. 왠지 온통 하얗고, 파랗고, 투명할 것만 같은 그 섬에서 나는 그 사람을 만났다. 아테네에서 출발한 페리가 9시간이라는 긴 시간을 달려 부두에 정박하는 그 찰나에 들이마신 공기가 내가 그토록 원하던 곳이라는 것을 알려줬을 때 괜스레 먹먹해 눈물까지 맺혔던 내 로망의 섬에서 말이다. 그 사람은 멍하니 저 바다 건너 수평선을 바라보는 내게 말을 걸어왔다. 꽤나 신기했을 테지. 평생 만나지 못해도 이상할 거 없는 나라의 여자가 혼자 머무르기엔 섬이 여간 사랑스러운 게 아니었으니.

지금 생각하면 그 사람은 호기심이 꽤나 강했다. 끊임없이 말을 거는 게 사실 좀 귀찮았을 정도니까. 아테네에 살지만 생업을 위해 산토리니에 머물던 그 사람, 체격이 큰 상대는 싫다던 그 사람, 아직 결혼을 하지 않은 그 사람, 시끄러운 것이 싫다던 그 사람, 그래서인지 말투도 꽤나 조곤조곤했던 그 사람. 술을 즐기지만 산토리니 현지 맥주는 아직 마셔 보지 않았다는 내 말이 끝나기가 무섭게 앉은자리에서 일어나던 그 사람의 뒷모습은 한 치의 망설임이 없었다.

야마스. 발음이 참 귀엽다. 그리스어로 '건배'라는 뜻이라나. 서로의 맥주 캔이 부딪치며 둔탁한 소리를 내던 찰나 그 사람은 그 순간이 꽤나 마음에 든 듯 함께 별을 보지 않겠느냐 물었다. 물론 나는 거절할 이유가 없었다. 이 섬에서 나를 기다려 줄 사람은 없었으니까. 나는 그 사람이 와인을 사러 간 사이 추천받은 음식으로 배를 채웠고 얼마 지나지 않아 그 사람은 한 손에 약속한 와인 한 병을 들고 나타났다. 급히 뛰어온 듯 숨을 헐떡여 가며 내 앞에 의자를 빼내어 앉을 때 내쉰 그 차가운 공기에는 혹여나 내가 기다릴까 하는 마음이 녹아 있는 것 같았다. 그 숨이 온전히 돌아오기도 전에 그 사람은 나를 이끌어 우리가 처음 만난 언덕으로 다시 향했다. 진한 분홍빛이던 노을은 어느새 사라졌고 청량하던 마을에

도 어둠이 찾아온 후였다.

뭐랄까. 정말 당연한 건데 별이 유독 멀리 있는 것만 같아서 서운한 느낌을 어떻게 설명해야 할까. 하여간 그런 기분에 잠시 마음이 소란하던 찰나 그 사람은 내 마음을 단숨에 알아챈 듯 내 손을 이끌어 근처 상점의 2층 테라스로 향했다. 비수기인 탓인지 굳게 닫힌 상점의 문을 가볍게 뛰어넘으며 그 사람은 말했다.

"조용히만 하면 괜찮아. 손 이리 줘. 조심하고."

있잖아. 사실은 나 아직까지도 와인 맛을 잘 몰라. 그리고 겁도 정말 많고. 그런데 생전 처음 만난 당신 손을 잡은 건 정말 잘한 일이라 생각해. 나는 이제 그 어느 곳에 가더라도 당신과 같은 사람을 붙잡을 테지. 그렇지 않으면 그대로 흘러갈 테니 말이야.

그런
날

그런 날이 있다. 알람이 울리기도 전에 맑은 정신으로 일어나 따뜻한 물로 몸을 씻고, 여유 있는 발걸음으로 약속 장소에 나가는데 때마침 타야 할 버스가 도착하고, 한적한 버스에 앉아 창밖을 바라보는데 귀에 꽂은 이어폰에서 가장 좋아하는 노래가 흘러나오는 그런 날. 별거 아닌 우연의 연속이 나를 들뜨게 하는 그런 날.

시골과 도시

태생이 시골 출신이라 그런지 왜인지, 길 위에서도 그 취향의 차이는 (혹은 익숙함에 대비되는 환경에 대한 거부감은) 좀처럼 달라지지 않는다. 도시의 편리함에 적응되어 있으면서도 표정 없는 사람들의 온도와 틈 없이 세워져 있는 빌딩 숲의 모습은 여전히 마음을 갑갑하게 만든다.

사실 편리함만 두고 봤을 때에는 언제라도 도시에 살고 싶다는 생각을 한다. 충청도에서 서울로 올라와 지낸 몇 년간의 기억을 몇 번이고 되새겨 봐도 대부분의 문화생활은 도시에 집중되어 있었고 카메라나 랩톱이 고장 났을 때에도 시골에 비해 수리점을 꽤나 쉽게 찾을 수 있었다. 밤늦게 운동할 수 있는 공원이 가까운 곳에 있고 24시간 잠들지 않는 것만

같은 거리가 곳곳에 있으니 '재미와 편리'로만 치자면 도시만
한 곳이 없다.

그러나 이상하게도 여행 중에는 도시에 가는 일이 그리 달갑
지 않다. 외곽지역에서 이동을 할 때 더욱이 그렇게 다가온
다. 물론 그곳에는 많은 재미와 멋이 있고 아무것도 하지 않
아도 시시각각 변하는 모습에 볼거리가 넘쳐 나지만 왜인지
무슨 일이 일어날 것만 같은 출처 모를 불안감에 쉽게 휩싸
이곤 한다. 다행히도 우려한 것과는 달리 웃지 못할 사건이
일어나거나 하진 않았지만 그럼에도 도시를 향해 가는 길은
언제나 마음이 무겁다.

시골과 도시, 자연적인 것과 인위적인 것을 두고 보았을 때
언제나 도시에서는 많은 생각을 하게 된다. 내가 평생 해 나
가야 할 것들과 당장에 해야 할 것들, 그리고 때로는 누가 어
떤 옷을 입었으며 그 어울림에 대해 혼자 평가하기도 한다.
그에 반해 자연 앞에 설 때에는 길지 않은 시간 동안에 감탄
을 하고 그 후엔 이상하게도 아무런 생각이 들지 않는다. 애
써 긍정적인 다짐이나 희망적인 생각을 하려 해도 결국엔 그
광활한 모습에 머릿속이 비워지면서 와, 따위의 짧은 감탄사

로 끝을 맺게 된다. 어쩌면 그렇게나 거대한 모습으로 자연이 우리 앞에 선 이유는 저마다 어디선가 가져온 무거운 마음을 제 앞에선 조금이나마 덜으라는 뜻일지도 모르겠다.

그렇다고 해서 도시가 '싫다'는 것은 아니다. 그저 자연 속에 있을 때에는 '살아 있다'는 기분이 들고, 도시 속에 있을 때에는 '살아간다'는 기분이 드는 차이 정도랄까. 덧붙이자면 도시는 두 눈 가득 채워짐에 감탄하고 자연은 가슴속까지 비워짐에 감탄한다는 것. 물론 이 모든 것은 지극히 개인적인 차이일 뿐이다.

다르지 않지만 다른 두 곳이 함께하기에 우리의 여행은 더욱 흥미로워진다. 구태여 둘 중 하나를 고르라면 나는 자연을 꼽겠지만 그럴 수 있는 이유는 언제나 돌아갈 도시가 있기 때문일지도 모른다. 경이로운 설산 속에 있으면서도 한편으론 언제든 따뜻한 차 한잔을 마실 수 있는 도시 한편의 카페가 그리운 것처럼 말이다.

낡은 운동화

나는 유난히 신발이 빨리 닳는다. 빠르면 고작 반년 만에 더 이상 신고 나갈 수 없는 꼴이 되어 버리기도 한다. 걷는 자세의 문제일 수도 있고 버스나 지하철보다 두 발로 걷는 것을 좋아하는 취향이 이유일 수도 있다. 그런데 나는 잔뜩 낡아 버린 내 신발이 마냥 싫지만은 않다. 되려 조금은 멋있게 느껴질 때도 있다. 그것에는 내가 지나온 길이 있다. 도대체 어디서 묻었는지 알 수 없는 수많은 흙과 먼지들은 그간 얼마나 많은 곳에 내 발자국을 남겼는지 온몸으로 알려 주곤 한다.

수십 번 뒤척이다 깬 긴 꿈과 같은 여행에서 돌아올 때마다 버스 안에서 마주한 내 신발의 모습은 언제나 한두 군데는 꼭 찢어져 있고 빗물 자국과 여러 얼룩이 뒤섞여 본연의 모습을 잃은 지 오래였다. 물론 충분히 조심해서 걸을 수도 있거나 얼룩이 묻으면 제때 닦을 수도 있었을 것이다. 그러나 구태여 그러지 않은 이유는 어쩌면 신발에 묻은 먼지를 일일이 털어 내는 일보다 내 어깨를 누르는 일상의 무게를 덜어 내는 게 우선이었던 건 아닐까.

나뭇잎

나는 한사코 만날 사람은 만나게 돼 있다고 믿는다. 제각기 자리를 지키던 나뭇잎들이 어느 날 부는 바람에 나부끼다 끝내 한곳에 모이는 것처럼.

그 모습 빤히 바라보다 문득, 나도 언젠가 우리 사이를 이어줄 바람을 슬며시 기다려 보기로 했다.

모순

글을 배운 적이 없어 표현의 폭이 좁을 순 있으나

생각의 폭이 좁진 않다.

쓰는 건 좋아하지만 읽는 건 좋아하지 않는다.

산을 좋아하나 오르는 건 싫다.

더운 건 싫지만 여름은 좋다.

너의 습관은 싫지만 너는 좋다.

돈이 있을 땐 시간이 없고

시간이 있을 땐 돈이 없다.

새로운 곳에 대한 모험적 상상은 내 가슴을 뛰게 하지만

나는 언제나 계획적이며 안정적인 삶을 추구한다.

그러나 그럼에도 떠나오고 떠나가길 수없이 반복한다.

여행을 좋아하는 이유는

무언가를 끊임없이 찍을 수 있기 때문이지만

매일 같은 장면을 반복해 담는 것은 꽤나 끔찍한 일이다.

아, 모순에 모순이 꼬리를 문다.

지구는 넓지만 세상은 좁은 것처럼.

한 번쯤
해 보는
일

이야기 가득한 노천카페에 앉아 맥주 한 병을 시켜 투명한 글라스에 가득 따르고는 거품이 사라지길 기분 좋게 기다리는 일.

목적 없이 걷다가 다다른 이름 모를 언덕 위 벤치에 앉아 세상 모든 게 마냥 신기하기만 한 꼬마의 작은 손을 꼭 잡은 어머니와 본인 덩치만 한 개를 데리고서 동네를 달리는 젊은 이와 손에 쥔 지도를 들고 이리저리 길을 묻는 소녀와 제 팔 안에 가둔 애인이 너무나 사랑스러운지 끊임없이 입술을 부비는 사내를 아무 감정 없이 제3자의 입장으로 바라보는 일.

기차에 몸을 싣고 현지인의 무료한 시선과 여행자의 한껏 들

뜬 얼굴에서 풍기는 온도의 차이를 느껴 보는 것. 두 귀에 꽂은 이어폰 너머로 들리는 한껏 신이 난 듯한 누군가의 목소리에 볼륨을 키울까 하다가 결국 노래 소리를 죽이고 조심스럽게 그들의 이야기에 귀 기울여 보는 것.

무엇이 그리 행복한지 도무지 이해할 수 없을지라도 떠나왔기에 한 번쯤은 해 보는 일.

아침이 오는 소리부터 밤이 저무는 냄새, 살갗을 간지럽히는 봄바람부터 혀끝에 내려앉는 한 송이의 눈까지. 당연하지 않은 것을 그렇다고 여기기에 놓치는 수많은 행복들.

시선을
잃는다

휴학 후 하루의 반 이상을 아르바이트에 몰두해 모은 자금을 들고 상상만 해 오던 유럽에 발을 디딘 여학생, 퇴직 후 지난 노고에 대한 보상금을 쏟아부어 여행길에 오른 적지 않은 나이의 청년, 여생의 초점이 자녀들에서 당신들로 바뀐 지 채 오래되지 않은 노부부, 각자의 취향을 인정하지 못하고 그저 본인의 여행만이 옳은 양 으스대는 젊은이, 꽤 오랜 시간 여행을 했지만 아직도 모든 게 두렵기만 하다는 어린 여행자와 자신의 주머니로 들어온 소매치기의 손을 잡고 소리를 질러 쫓아냈다는 당찬 여행자, 돌아갈 날을 세며 초조해 하는 사람과 여정의 끝을 몰라 방황하는 이들, 밤길에 만난 부랑자에게 호되게 당해 그 후의 모든 여행을 망쳤다는 소녀와 너무나 아름다운 광경과 사람들의

호의에 반해 며칠 머물다 떠나는 여행이 아닌 진지하게 일자리를 찾아보겠다는 서른 중반의 여행자, 스스로를 알기 위해 떠나왔다는 이와 이유 없는 것이 떠나온 이유라는 자, 크고 굵은 빵을 하나 사서 공원의 새들에게 나눠 주는 노파와 그녀를 바라보는 어린 꼬마, 여행자들의 주머니를 탐내는 자들과 그들에게 정을 나눠 주려는 이들.

오늘도 스물이 갓 넘어 보이는 학생은 항공사의 수하물 초과 무게를 겨우 모면한 듯한 캐리어를 힘들게 끌어 수많은 돌길을 넘고, 흰 수염이 가득한 노인은 배낭 하나에 의지한 채 미간을 좁히고선 지도를 가까이 바라보며 길 위를 사막의 모래처럼 가볍게 걸어간다.

지금은 알 수 없는 일

지난날 내가 무엇을 보고 느꼈는지 그리고 그 시간이 나를 얼마나 변하게 했는지 어쩌면 그 모든 것들을 스스로 자각하기엔 떠난 만큼의 시간이 일상에서 몇 배로 천천히 흘러도 모자랄지 모른다. 나는 그곳에서 느낀 감정의 팔 할은 낯선 곳에 대한 동경에서 파생된 일종의 자극제라 믿는다.

다만 미세한 바람에도 쉬이 무너지는 촛불과 같이 지켜 주는 이 하나 없을 그 이 할의 마음을 고이 간직하길, 시간이 흘러 익숙하리만큼 반복된 상황을 다시 한 번 마주했을 때 남아 있는 촛농 같은 마음을 그 순간에 녹여 갈 수 있길 바랄 뿐이다.

오늘도
오늘이
지나간다

오늘도 오늘이 지나갔다. 지나간 건지 버틴 건지 잘은 모르겠지만 숱하게 지나온 어제들을 돌이켜 보았을 때 버티는 것들에 느꼈던 감정과는 사뭇 다르다. '돌아가고 싶다'라는 생각이 드는 것이 그에 입증이다. 지나간 것들에 대한 아쉬움은 언제나 마음을 흔들기 마련이니까. 지금이 그렇다. 그 앞에 초연할 수 있는 사람이 몇이나 될지는 모르겠지만 나는 결코 그럴 수 없는가 보다.

시간 위에 시간이 덮여 갈수록 나는 그리고 우리는 그 어느 시절로 돌아가고 싶다는 마음과 함께 변해 간다. 그 결과가 좋든 그렇지 못하든, 하다못해 주름이라도 한 줄 늘어 가는 게 우리가 살아가는 삶이니 나 또한 그 변화에 대해 부정할

수 없다. 더군다나 생각이나 가치관과 같이 보이지 않는 것
들은 더욱이 모래성과 같아서 쉽게 무너지기도 하고 세워지
기도 하니 변하지 않는 사람은 어쩌면 존재하지 않을지도 모
르는 일이다.

그러한 과정 속에서 나 또한 변해 간다. 스스로 인식하지 못
할 정도로 슬며시 변하기도 하고 그 변화가 꽤나 커져 어느
순간 사뭇 달라진 모습에 적잖게 놀라기도 한다. 오늘이 지
나고 어제가 하나둘 늘어 쌓여 가면 그 안의 경험들이 이전에
지어 놓았던 모래성을 무너트리고 새로이 만들어 가는 것이겠
지. 그러한 이유라면 내 생각과 시선이 고스란히 담긴 글과 사
진의 온도가 전과 달라진 것 또한 결코 이상한 일이 아니다.

누군가는 늙지 않는 피터팬을 동경하지만 또 다른 누군가는
있는 그대로 늙어 가는 것을 존경한다는 가수 김진호 씨의
말에 깊이 공감한다. 그의 말대로 그 순간이었기에 가능한
것들은 그때에 존재하고 경험이 늘어 지금 이 순간 가능한
표현들이 지금의 글과 사진이 되는 것이기에 나는 이 변화가
싫지 않다. 다만 문득 어색한 마음에 나를 아는 이와 내 스스
로에게도 일정한 거리와 시간이 필요할 뿐이랄까.

사랑하는 이가, 내 주변의 누군가가 변해 가는 것을 바라보는 일. 혹은 그러한 내 모습을 있는 그대로 받아들이는 일. 나는 언젠가 변화하는, 지나가는 것에 대해 초연할 수 있을까? 만약 그러한 날이 온다면 나는 어떠한 태도로 그 상황을 마주해야 할지 여전히 잘 모르겠다.

이렇게 아무것도 모르는 상태로 나의 오늘은 오늘도 지나가고 썩어 가며 변해 가는가 보다.

사막의 모래는 너무나 가벼워서 보통의 길이라면 온전히 남겨져 있어야 할 내 자국들이 발을 내딛는 순간 온데간데없이 사라져 버린다. 내가 적을 수 있는 모든 표현을 되뇌어 봐도 그토록 가볍게 아지랑이는 모래알의 모습은 어찌 설명할 도리가 없다. 그래서 언젠가 사막이 부럽기도 했다. 내가 사막이라면 지금 이 바람 한 번에 그 많은 안타까움을, 잊을 만하면 떠오르는 기억들을, 미안한 마음을 쉽게 덮을 수 있을 것만 같아서. 내가 한 줌의 가벼운 모래라면 애써 노력하지 않아도 그저 뒤돌면 그만일 것만 같아서. 무심코 적은 글자들이 검지 손가락 끝을 모래에서 떼 내기가 무섭게 지워져 가는 모습에 허무하기도 했다가 이렇게 매 순간만 살아가는 삶이라면 모든 찰나의 장면에 나를 솔직히

담아낼 수 있을지도 모른다고 생각했다.

그럼에도 한참을 사막의 능선에 앉아 모래를 휘날리다 바지 한 번 훌훌 털고 일어나며 그래도 지금이 썩 나쁘진 않다고 위로한 이유는 나는 사막처럼 외로울 자신이 없다는 안일한 이유였다. 수많은 이들이 그곳에 내려 두고 갔을 셀 수 없는 근심들을 덮어 줄 만큼 나는 넓지 않아서, 이 좁은 마음에 안타까움을 담고 너를 담고 미안한 마음을 담아 조금은 더디게 지워지는 기억들에 아파하면서, 저기 아지랑이는 저 땅은 슬픔을 지우는 것만큼 행복도 함께 지울 거라는 질투 어린 위로를 하며, 놀이터 그네에 앉아 발밑에 모래를 모아 괜스레 이리저리 흩트려 본다. 이 모래는 그리 쉽게 자국들을 지우지 않을 거라 믿으면서.

세상의 관심은
그리 크지 않다

세상은 생각보다 나에게 관심이 없다. 많은 인파 속에서 왜 혼자 밥을 먹는지, 출근길 드라이가 잘 됐는지, 오늘 입은 옷이 내게 잘 어울리는지…. 우리의 방대한 걱정에 비해 세상은 내게 관심을 주지 않는다.

그런데 요즘은 나마저도 스스로에게 관심이 없다. 무엇을 좋아하고 무엇을 잘하는지 혹은 언제 행복한지, 하다못해 언제 스트레스를 받는지조차 모르고 살아간다. 누군가의 능력은 부러워하면서 내가 뭘 잘하는지는 알려고 노력하지 않고, 타인의 일에는 함께 슬퍼하고 함께 분노하지만 정작 나를 위한 위로는 없다.

오늘이 가면 내일이 오지만 내일이 오면 오늘은 지나간다. 이렇게나 매정한 하루 속에 온전히 나를 위한 시간은 얼마큼이 었는가. 어쩌면 내가 지금 잘하고 있는지에 대한 고민의 답은 스스로에 대한 관심과 위로일지도 모른다.

친한 지인들과 왁자지껄 떠들며 맛 좋은 음식에 술 한잔을 기울이거나, 방 안에 가만히 누워 밀린 만화책을 읽는 것과 같이 꽤나 사소한 것부터 보통의 범주를 벗어나는 것까지. 저마다의 취향이니 무엇이든 상관없다. 별거 아닌 것에 위로를 받는 것보다 더 공허한 것은 별들마저 잠든 밤, 온전히 나를 위한 그 사소한 것 하나조차 찾지 못하는 것일 테니까.

　　　　　긴 시간에 걸쳐 만들어진 두 세계가 접
점을 찾아가는 그 과정이 얼마나 대단한 일인지.
가방 속 작은 우산을 모른 체할 수 있던 그날의 소중함을 나
는 몰랐다.

내가
하는
사랑

내가 하는 사랑은

너를 왜 좋아하는지에 대한 이유를 줄 세우는 것이 아닌

어느 날 문득 곁에 있어 다행이라는 생각에

괜히 마음 한편이 빼곡해지는 거지.

이를테면 무심결에 써 내려간 노트에

네 이름이 수북이 쌓여 있는 것처럼 말이야.

맞아. 알고 보면 특별한 게 없지.

내게 네가 가득한 것 빼고는.

괜찮다
믿어 왔던
것들

아무렇지 않게 나를 숨기고 서로를 속이며 살아가는 우리의 삶에서 가장 비참히 무너지는 순간은 어쩌면 내가 놓은 덫에 남이 아닌 나 자신이 속고 있었다는 걸 알게 되었을 때일지도 모른다.

괜찮다 믿어 왔던 것들이 사실은 그렇지 않고, 도려내는 것이 두려워 결국 굳은살이 되었던 것처럼.

　　뒷모습

　　　　　　뒷모습은 그 사람의 많은 것을 알 수 있게 한다. 걸음걸이가 일자로 올곧은지 아니면 조금 휘청거리는지, 걷는 동안 주변에 시선을 얼마나 자주 빼앗기는지 혹은 전혀 구애받지 않는지, 걷는 속도가 빠른지 느린지, 옆 사람과 팔짱을 끼는지 멀리 떨어져 걷는지. 대부분의 사람이 인식할 수 없을 만큼 짧은 시간만으로도 가득한 관심에 그 사람을 그려 볼 수 있다는 게 좋아서 그래서 나는 뒷모습이 좋다.

사랑하는 그대에게.

당신의 뒷모습을 볼 적에 무슨 표정을 짓고 계시는지 알 것 같은 날이 있습니다. 세상에서 가장 넓은 줄 알았던 당신의

등이 어느새 누구보다 작아져 있더라는 이야기는 감성을 자극하는 TV 프로그램에서나 나오는 이야기인 줄 알았는데, 어느 날 문득 당신의 등이 왜 그렇게 초라하게만 느껴졌는지 그 모습에 내가 얼마나 서글펐는지 당신은 모를 겁니다. 아니, 몰라야 합니다. 당신은 내게 바다보다 깊고 들판보다 드넓으며 하늘보다 높은 사람으로 남겨지길 바랄 테니까요.

내가 집에 내려간다고 할 때마다 당신은 집 주변을 서성이며 한사코 나를 기다리다 골목 어귀에서 마주친 내게 방금 나왔다고 둘러대며 차디찬 손을 내밀어 내 짐을 대신 들고 앞장서 걷곤 했습니다. 나는 이렇게 훌쩍 자랐는데, 이제는 당신을 한참이나 내려다봐야 할 만큼 커 버렸는데, 당신은 왜 그렇게 작아져 가는지. 그럼에도 내 손에 들린 짐이 무거울까 대신해 들어 주는 당신의 마음만큼은 어릴 적 보던 당신의 뒷모습처럼 그대로인 것 같아 괜스레 마음이 소란해집니다.

나 이제 돌아가면 같이 목욕탕에 가요. 염색도 해 줄게요. 메마른 어깨도 주물러 줄게요. 일 년 반이 넘도록 못 본 당신 등, 실컷 보게요. 뒤돌아 앉은 당신은 아마도 웃고 있겠죠. 그 날을 기대하며 나는 오늘도 길을 걷습니다.

낡아
가는
것

월요일 오후 벤치에 앉아 책을 읽는 청년들, 작은 찻잔 안 찰랑이는 커피 한 잔에 미소 짓는 노인들, 색 바랜 잔디에 서로의 팔을 베고 누워 있는 커플들. 마치 시간이 느리게 흐르는 듯한 그 모습들을 두고 우리는 '여유'라 부른다.

사람간의 온도가 낮아짐에 따라 언젠가부터 우리는 그 '여유'라는 마음을 얻기 위해 값을 주어야 하는 삶 안에 갇히게 되었다. 영화 〈그녀(Her)〉처럼 우리는 앞으로 서서히 낡아 가는, 현실에 매이지 않고 감성적으로 사물을 대하는 심리 따위에 하나하나 값을 지불하며 살아갈지도 모른다. 마치 이전부터 그래왔다는 듯이, 당연하게.

책
한 권

모두가 바삐 움직이는 이 도시에서 시간에 전혀 구애받지 않는 듯 보였던 한 친구가 심심한지 읽을거리를 찾았다. 마침 챙겨 왔던 책의 맨 뒷장을 두 번이나 덮고 난 후 적잖게 무료함을 느끼고 있던 나는 잘됐다 싶어 혹시 서로의 책을 바꿔 읽지 않겠냐 물었고 그는 흔쾌히 본인 가방 속 소설책 한 권을 내게 건네주었다.

보통의 사람들이 여행길에 구태여 무게가 나가는 종이책과 함께할 때에는 꽤나 소중하거나 의미 있는 것을 손에 쥐기 마련이 아니던가. 때문에 그런 책을 서로가 나눈다는 것은 단순히 활자 뭉텅이의 교환쯤의 의미가 아니라 같은 문장을 통해 느낀 각자의 생각을 나누고 종이 냄새만이 가득하던 책

안에 사람 냄새를 함께 담아 여행을 이어 가는 것이라 나는 믿는다.

그가 건넨 책이 얼마나 흥미로울지 혹은 지루할지 그건 중요하지 않다. 나는 그 덕분에 얼마간의 무료한 시간을 이겨낼 것이고 언젠가 오늘의 기억이 희미해질 때 우연찮게 그 친구의 책을 바라볼 일이 온다면 그 순간만큼은 그 어떤 베스트셀러 책도 부럽지 않을 테니 말이다.

모든 것은
문고리를 돌리는
것으로부터

캐나다의 어느 시골에서 지낼 적에 바깥 문을 여는 것과 동시에 펼쳐지는 광활한 모습에 문득 '문'에 대해 생각해 본 적이 있다. 종류를 막론하고 문을 연다는 행위만으로도 새로운 풍경을 볼 수 있다는 게 새삼 신기했다고 나 할까. 그 생각은 꼬리에 꼬리를 물어 시작하기 싫은 하루를 벗어나거나 하고 싶은 일을 찾기 위해서도 일단은 문고리를 돌려 봐야 알 수 있는 게 아닐까 하는 결론에 이르렀다.

그 언젠가 외출을 해야 하는데 씻는 게 귀찮을 때, 오랜만에 온 친구의 연락이 귀찮을 때, 배는 고픈데 메뉴 고르는 게 귀찮을 때, 연애는 하고 싶은데 누군가를 알아 가는 게 귀찮을 때, 그나마 좋아하던 취미마저도 귀찮아 아무것도 하기 싫다

는 말을 내뱉는 것조차 귀찮을 때, 이 무료한 감정에서 벗어나고 싶으면서도 발버둥 치는 건 귀찮을 때, 솔직한 말로 사는 게 귀찮을 때. 그럴 때가 있었다.

그럼에도 나의 하루는 어김없이 시작되곤 했다. 내 의지에 따라 시작된 하루가 아니었음에도 끊임없이 무언가를 시작하고 있음은 분명했다. 한 번 풀린 삶의 의욕을 다시 조이기란 여간 힘든 것이 아니었지만 '시작'이란 것은 그저 문고리만 돌려 나가도 따라붙는 이름일 뿐 그리 큰일이 아니었다.

이처럼 무언가를 하겠다는 마음도, 일상과 같다는 여행도, 더불어 숱한 것들이 어쩌면 '문고리'를 돌리는 행위쯤의 아주 사사로운 것에서부터 시작되는 것은 아닐까. 가랑비가 마른 땅을 은근히 적시던 어느 여름날, 합정 귀퉁이의 커피집 문고리를 여는 것으로부터 시작된 우리의 이야기처럼.

창문
너머에

창문 너머 바람을 흔들리는 나뭇잎으로만 판단할 수는 없다. 그 바람이 코끝을 간지럽히는 봄바람일지 매섭게 살갗을 스쳐 가는 겨울바람일지는 창문을 열어 봐야 안다. 그런데 어쩌면 흔들리는 것은 나뭇잎이 아닌 나, 눈앞에 있는 것은 투명한 창이 아닌 스스로를 비추는 거울과 같은 것일지도 모르겠다. 그래서 너무나 익숙한 내 모습에 취해 낯선 것을 마주하기가 이렇게나 어려운 것일지도 모르겠다.

익숙해지지
않는 것

어느새 떠나온 날이 돌아갈 날보다 길어져 가는 게 이제는 익숙할 법도 한데 그러지 못하고 매번 찾아와 사람을 흔드는 것은

언젠가 다시 보자는 말로 위로하며 그들의 뒷모습을 남는 이의 입장으로 바라보는 공허한 마음.

기억을 꺼내어 읽는 것

사람의 기억은 단순히 보고 듣고 느낀 것만으로 저장되지 않고 소리로 냄새로 그리고 다양한 감각으로 저장되어 나조차도 인식하지 못할 기억 저편에 자리 잡곤 한다. 마치 한국의 어느 골목길을 지나다 귀에 꽂은 이어폰에서 들려오는 노래에 문득 스위스의 눈 덮인 산 언저리가 생각나고, 캐나다의 별다를 것 없던 아침에 학창 시절 등굣길에 맡던 나무 냄새가 떠오르는 것처럼 말이다.

재미있는 것은 사람들에게는 이러한 기억을 위한 저마다의 방법이 있다는 것이다. 누군가는 여행을 할 적에 나라마다 노래 한 곡을 정해서 그 노래가 지겨워질 때까지 듣는다고 했다. 그렇게 하면 내 방 침대 위에서도 노래 한 곡에 여행을 할 수가 있다고. 또 다른 누군가는 길을 떠날 때마다 향수 한 병을 산단다. 그것은 스스로에게 주는 선물 겸 그곳을 기억할 수 있는 좋은 도구가 된다고 했다.

그래서일까. 나는 언젠가부터 떠나왔을 때 바쁘게 움직이는 것보다 어딘가를 응시하며 사색하고 그림을 그려 가며 노래에 기억을 담고 냄새에 추억을 담아 오래 보고 오래 기억할 수 있는 시간을 구태여 만들기 시작했다.

그러나 이러한 노력에도 앞서 나열한 모든 것은 끝내 사람에 의해 잊힌다. 사진을 찍고 글을 적고 노래를 듣다가 만난 사람. 그곳에서 만난 사람은 언제 만나도 그때를 기억하게 한다. 마치 어릴 적 일기장을 발견해 그땐 그랬지 하며 그 자리에서 끝까지 다 읽어 버리는 것처럼 그들과의 대화는 시간 가는 줄 모른다. 몇 년 전 친구에게 그런 말을 한 적이 있다.

"너랑 대화하면 파리가 생각나. 다행이지. 에펠탑은 파리에 그대로 있는데 너는 지금 내 앞에 있잖아. 에펠탑을 뽑아 올 순 없으니 너 만난 게 이득이지."

사람을 좋아하는 내게 말 그대로 사람은 걸어 다니는 한 권
의 책이라 할 수 있다. 그 사람을 만나면 비록 우리가 마주한
환경은 바뀌었을지라도 서로의 기억으로 하여금 그때의 날
씨, 향기, 소리 그리고 이야기가 가득한 그날을 꺼내어 읽을
수 있으니까. 물론 기억은 언젠가 미화되기 마련이고 저마다
기억하는 방법과 그 양의 차이는 다를 수 있겠지만 말이다.

그러나 한 가지. 기억이란 책의 치명적인 단점은 언젠가 이 모
든 것이 어떠한 소리나 온도, 냄새 혹은 사람으로 하여금 낯
선 곳에서 기억될 때에는 공허함이 한사코 함께 찾아온다는
것이다. 때문에 조금은 무료하리만큼 익숙한 지금의 일상 역
시 언젠가 나 홀로 꺼내어 읽게 될 날이 온다면 그저 그날의
기분이 조금은 덜 헛되었으면 좋겠다고 조심스레 바라본다.

거리의
노인들

여행을 하면서 느낀 것 한 가지는 길거리에 나온 노인들의 표정을 보면 그곳의 분위기를 대략 짐작할 수 있다는 것이다.

아직도 어딘가에선 그 존재를 인정받지 못하고 있는, 발칸의 작은 나라 마케도니아의 오흐리드 사람들은 표정만으로 한껏 긴장했던 나를 참 편안하게 만들었다. 크로아티아에서 터키까지 반 시계 방향으로 여행을 하면서 이어진 나라들의 분위기는 지리적 거리와는 다르게 그 온도의 차이가 사뭇 컸다. 거리에 술에 취한 부랑자와 어린아이를 앞세워 구걸하는 여인들이 넘쳐 나는 나라가 있던 반면 어느 곳은 무척이나 깔끔하고 사람들의 표정 또한 밝았다.

MARKET
V&A
FOOD
MARKET

오흐리드는 후자에 가까운 나라였다. 마케도니아라는 나라 자체나 그 마을 사람들의 차림새는 그리 부유해 보이지 않았으나 여유가 있었고 입가엔 미소가 있었다. 거리에 앉아 담소를 나누는 노인들과 눈이 마주칠 때면 마치 내게 눈가의 주름으로 환영 인사를 하는 듯 따스함이 느껴졌다.

세월이 흐른 뒤의 나는, 내 나라를 찾은 여행자들에게 어떤 분위기를 풍길런지. 문득 궁금해진다.

그 어느
바다의
하루

눈이 떠질 때 눈을 뜬다. 구태여 특정 시간에 맞춰 일어날 일이 없다. 배가 고프면 밖에 나가 늦은 점심을 먹고 날이 더울 땐 집 앞 바다에 몸을 담그고 그 속에서 또 다른 친구들을 만난다. 그렇게 한참을 있다가 지칠 때쯤 햇볕 아래 몸을 말린다. 머리 위로 내리쬐는 태양이 너무 강해 고개를 돌리면 어느 노인과 눈이 마주친다. 가볍게 눈인사를 건네면 그녀도 나를 따라 웃는다. 기분 좋게 돌아누워 좋아하는 노래를 듣는다. 멜로디가 좋아서 즐겨 듣던 노래인데 이제는 가사의 뜻을 곱씹을 만큼 온전히 노래에 집중하는 스스로가 꽤나 재미있다. 한 달간 머물기로 한 열 평 남짓의 꽤 괜찮은 집에서는 일곱 시가 되면 항상 냄비에 짓는 밥 냄새가 난다. 허기진 배가 가득 차면 바다 근처 카페에 가서 짜

이 한 잔을 시켜 두고 밝은 달빛에 가려져 희미해진 별을 바라본다. 이곳에 온 후로 시계를 보는 일은 좀처럼 없다. 그저 붉게 물든 달이 어느새 어깨 너머로 올라 본연의 빛을 내비치면 오늘도 저무는구나 하고 눈을 감으면 그만이다. 누런 종이 위에 쓰여지는 이 글자 하나 하나에도 텅 빈 듯 꽉 찬 하루는 조금씩 저물어 간다.

　　동행

　　　　　　　　　나의 경우 사람과 사람 사이에 동질감
혹은 이질감이 형성되는 데에 걸리는 시간이 그리 길지 않다.
큰 무리 안에서 대화 한마디에 나와 비슷한 사람을 찾을 수
도 있고 반대로 찰나의 행동으로 나와는 맞지 않을 것 같은
사람을 걸러 낼 수도 있으니 말이다. 물론 속단의 오류는 언
제나 생기기 마련이고 그 결과 스쳐 보낸 많은 이 중 인생에
다시 만나지 못할 만큼 진국인 사람을 놓쳤을 수도 있지만,
함께할 수 있는 시간이 길어야 일주일 남짓한 상황에 사람을
길게 보고 알아가기엔 여행자의 시계는 너무나도 빨리 지나
간다. 때문에 그럼에도 불구하고 여행길 위에서 오늘 만나 내
일 헤어지는 사이가 아닌 다시 한 번 만나고 싶은 동행을 마
주하게 되는 것은 특히나 큰 행운이다.

일상의 모든 꼬리표를 떼고 마주한 우리는 누군가에게 강요
당한 사이가 아니기에 동행이란 이름으로 아무 말 없이 같은
밤하늘을 바라볼 수 있다.

그래서인지 처음엔 세상을 보겠다고, 그 후엔 여유를 찾는다
고 떠났던 여행이 이제는 왜인지 그냥, 하고 머뭇거리다 결국
엔 '사람이 좋아서였나' 하고 되뇌게 된다. 지나온 날을 돌이
켜 보면 숨 막히던 풍경도 놀랍도록 거대한 건물도 화려한
불빛도 모든 게 익숙해 더 이상 설레지 않을 때 다시금 떠나
게 해 준 것도 사람이었고, 우습게도 나를 긴장케 하고 두려
움을 안겨 준 것 또한 사람이었으나, 그러한 나를 흐르는 시
간 속에 편안히 녹여낸 것 역시 끝내 사람이었기에, 이제는
어디선가 만날 그들에 대한 기대로 하여금 계속해서 떠나는
것 같다는 말밖에는 할 수가 없는 걸지도 모르겠다.

서정적인 그대를
동경하는
이의 추억

꽃처럼 좋았던 시간들이 어느 날 시든 꽃잎처럼 빛바래 버린다면 나는 그 꽃잎을 아끼는 책 한 권 사이에 고이 꽂아 보관하리다.

우리의 추억이 부스러지지 않도록.

도무지
알다가도
모르겠어

숨 쉬는 것 외에 존재하는 모든 것을 의심해 봐야 한다는 나라. 친절과 희롱의 경계가 너무나 모호해서 화를 낼 수도 마냥 감사할 수도 없는 나라. 비쩍 말랐거나 살집이 있거나 중간이란 없는 나라. 경계의 눈빛과 호기심의 눈빛이 한데 서려 큼지막한 눈으로 이리저리 훑는 탓에 상대를 당황케 하는 나라. 남녀 구분 않고 그리 수다를 좋아하면서도 다툼에 있어서는 대화라는 수단을 잊은 양 목소리 큰 사람이 이기는 싸움에 이해라는 게 존재하긴 한 걸까 싶다가도 결국엔 악수로 끝을 내는 그들을 보고 나는 도무지 어떤 생각을 해야 하는지 모르겠다.

이집트, 그중에서도 카이로의 현대모습이라는 책 한 권을 읽고 단어 하나에 독후감을 녹여야 한다면 나는 무질서, 무의미, 무단, 무신경, 무존재…. '없다'는 것을 모두 통틀어 '무'라고 표현할 것이다. 신호등의 존재는 이미 사라진 지 오래인 듯한 카이로의 건널목. 오죽하면 여행자들 사이에서 '카이로에 가면 이집션의 오른쪽에 서서 길을 건너라. 그럼 적어도 죽진 않을 테니'라는 말이 오갈까. 그들을 내 목숨의 방패로 쓰겠단 것은 아니지만 그만큼 그들은 무단횡단에 도가 튼 것만 같았다. 빠른 속도로 달려오는 차가 제 무릎 앞을 스쳐도 개의치 않으니 말이다.

이들의 문화는 물건을 살 때에도 정말 '무'스럽다. 누가 먼저 왔든 돈을 먼저 내면 그만이다. 처음에 꽤 장사가 잘돼 보이는 빵집에 들어가 아직도 통용되는 게 신기하리만치 헌 파운드를 손에 쥐고서 내 차례가 올 때까지 30분을 기다렸던 기억이 난다. 나는 이렇게 서 있는데 나보다 한참이나 늦게 온 이집션들은 아무렇지 않게 돈을 내고 물건을 받아 가니 이게 무슨 노릇인가 싶었지만 따져 물을 수도 없는 것이 나는 아랍어를 못하고 그들은 영어를 못하니 가만히 차례가 올 때까지 기다리는 수밖에는 없었다. 아, 물론 카이로 도착 반나절 만에 그들의 문화(?)에 적응 아닌 적응을 하고 몸보단 팔을

먼저 뺏었다는 후문이다.

그런데 이토록 정신을 쏙 빼 놓는 혼돈의 도시에서 발견한 희한한 점 한 가지는 버스나 지하철을 이용할 때에는 끝도 없이 구겨 타는 데에 비해 그들의 걸음걸이는 결코 빠르지 않고 무언가에 쫓기는 표정을 지은 사람이 하나 없다는 것이다. 어느 날에는 꽤 잘 차려진 커피숍에 들어가 블라인드가 쳐진 창가 자리를 잡고 창밖을 바라보는데 보폭의 차이는 있을지언정 그 누구 하나 서두르는 사람이 없었다. 새치기는 그렇게 하면서, 지나가는 차마다 경적을 그렇게도 울려 대면서 뭐가 그리도 느긋한지 모르겠다.

이곳에 온 이상 모든 것을 의심해야 한다지만 숨 쉬듯 내뱉는 '노 프라블럼!' 하는 그들의 웃음에 어찌 마음의 경계를 안 풀 수가 있을지. 그들이 말하는 "문제없어!"라는 말이 결코 문제의 해결 가능성에 의미를 둔 것이 아님을 알기까지 수많은 감정이 뒤섞여야만 했지만 때로는 저들처럼 사소한 것쯤은 문제없다는 양 살아가고 싶단 생각이 드는 건 왜일까.

아, 정말이지 이 나라는 알다가도 모르겠다.

Trust

　　　균형

　　　종이 위에 온전히 손의 균형만으로 선
하나를 곧게 그리는 것은 결코 쉬운 일이 아니다. 선 하나를
그리는 일에도 숱한 연습이 필요한데 다가오지 않은 날을 그
리는 것이 어찌 쉬울 수 있을까.

어쩌면 많은 밤이 지나고도 모두의 내일은 완성되지 않을지
도 모르는 일이다.

야경 없는 삶에 대하여

"이제는 야경이 보고 싶어."

탄자니아에서 지내던 어느 날, 동생이 이제는 야경이 보고 싶다고 했다. 그도 그럴 것이 인도부터 시작된 그 친구의 여행 길은 대부분 치안이 보장되지 않았고 때문에 '밤'에 어울릴 만한 술이나 유흥 문화가 발전되지 않은 곳들이었다. 그러니 동생의 말은 정말 '그럴 만도 한 것'이었다. 여행에 있어 어둠에 맞서는 빛의 위력은 단순히 해가 없는 밤의 풍경 그 이상의 것이니 말이다.

"그럼 사람들이 늦게까지 일을 해야 해."

그런 동생에게 내가 했던 말이었다. 조금은 멋없는 대답이 어쩌면 동생의 낭만에 미지근한 물을 끼얹었을 수도 있지만 언제부턴가 내게 야경이란 그리 낭만적이지만은 않은 것이 되어 버렸다. 이 생각은 유럽 여행에서부터 시작된 것인데, 사실 처음에는 그저 농담이었다. "이 나라의 야경은 국가가 만들고 우리나라의 야경은 야근이 만든다." 하며 일행과 웃어넘겼었다. 아니, 정말 그 자리에서 웃고 넘겼으면 좋았을 텐데.

혼자 여행을 하다 보면 때때로 할 거라곤 생각하는 것이 전부일 때가 있다. 그럼에도 내 생각은 거기서 멈췄어야 했다. 앞으로 숱하게 만나게 될 밤의 풍경을 소위 '프로 불편러'의 마음으로 바라보고 싶진 않으니 말이다. 그러나 이미 내 머릿속에는 '만든 것'과 '만들어지는 것'의 차이에 대해 지극히 개인적인 관점이 들어섰다. 단어 수만큼의 작은 차이가 결코 아님을 알기에 더욱이 그런 생각을 하게 됐는지도 모르겠다.

늦은 시간 서울의 어느 높은 곳에 올라가 본 적이 있는가. 왜 그 시간에 도로 위의 차들은 끊임없이 궤적을 만들고 빌딩 숲이 화려하게 빛을 내고 있는지, 저 사람들은 어딜 향해 달리고 무엇을 위해 잠에 들지 않는지 생각해 본 적이 있는가.

일전에 나는 그런 생각을 해 본 적이 없었다. 그저 사진을 좋아하는 사람으로서 야경이란 조리개와 셔터스피드를 신경 써야 하는 조금은 귀찮지만 값진 사진을 주는 풍경 중 하나일 뿐이었으니 말이다.

그저 '생각'만 늘어갈 뿐, 지금까지도 크게 달라진 것은 없다. 잠들지 않는 도시를 마주할 때 마음의 불편함을 느낀다고 글을 적으면서도 밤늦게 돌아다닐 수 없는 삶을 상상할 때엔 또 다른 생활적 불편함이 먼저 떠오르니 마음이란 게 참 우습기도 하다.

아프리카 말라위. 최빈국으로 불리는 그곳의 대다수 마을엔 가로등이 없다. 그럼에도 사람을 태우는 자전거 운전수들과 노인과 아이들은 저마다의 노하우인지 혹은 단순히 눈이 좋은 건지 빛 없는 거리를 잘도 다닌다. 하루는 해가 저물고 난 뒤 숙소에 돌아가기 위해 자전거 택시 한 대를 잡아 탔었는데 그때 그 운전수와의 대화 내용이 꽤나 기억에 남는다.

저녁 8시. 한국에서는 그리 늦은 시간도 아니었는데 이곳에

서는 좀처럼 문을 연 상점조차 보기 어려워 길거리에서 빛을 찾기가 쉽지 않았다. 그래서인지 워낙에 시력이 좋지 않았던 나는 앞을 보기가 더욱 어려웠다. 그럼에도 어디에 과속방지 턱이 있는지까지 줄줄이 꿰고 있는 운전수가 신기해 말을 붙였다. “앞이 보여요? 난 어두워서 하나도 안 보이는데.” 그는 웃으면서 말했다.

“오늘은 달이 없어서 그래요.”

가로등도 상점의 빛도 아니고 달이 없어서라니. 나는 그에게 무슨 말을 해야 했을까. 아니 해 줄 수 있는 말이 있긴 한 걸까. 만약 길거리 곳곳마다 가로등을 설치하면 되는 거 아니냐고 따져 물었다면 그는 사람 좋은 웃음을 지으며 가로등이 뭐냐고 되물었을지도 모른다. 투박하리만큼 순수했던 그의 답에 좀처럼 말을 잇기가 어려워 입술을 몇 번이나 떼었다 붙였다를 반복하는 동안 그와 나 사이에는 꽤 긴 침묵이 흘렀다.

“그래도 별은 잘 보이네요.”

애초에 어둠을 가르는 빛이 존재하지 않는 그들에게 이곳의 밤은 거닐기 위험하고 불편하다는 투정은 구태여 할 필요가 없었다. 그저 달이 두 눈 앞에 쏟아지는 별들을 위해 숨었다고 생각하는 것밖에는.

야경이 없는 삶.
단순히 눈의 피로와 도시의 화려함이 줄어드는 것 말고, 우리 오늘은 조금 짙게 생각해 볼까.

내가
살아가는
세상

내가 살아가는 세상은

이해하고 싶은 일과 이해해서는 안 되는 일로 이루어져 있다.

내가 겪지 못한 무언가에 대해

온 맘 다해 이해하려는 일과

이해 시키는 것과 이해하는 것의 차이를 모르는 사람들을

이해해서는 안 되는 일로.

   배인

무심코 꺼낸 편지에 가득 배었던 네 향
이 사라졌다. 코끝을 아무리 갖다 대도 종잇장의 마른 냄새
와 펜촉의 냄새만 남아 조금은 서글프다. 이제는 누구 말대
로 내가 있는 곳의 날이 좋아서 네 안부를 묻는 것 말고는
할 수 있는 게 없다. 오랜만에 찾아온 몸살에 방 안에 갇혀
창밖의 날이 좋은지 나쁜지 알 수가 없는데도, 나는 오늘도
이렇게 네 안부를 묻는다. 아무래도, 내 외투에서 묻어나는
네 냄새처럼 나는 이미 자연스레 너에게 스며들었나 보다.

받아들이는 연습

　　낮에는 물이 나오지 않아 화장실에 갈 수 없고 밤에는 텐트 속에 전등이 없어 책을 읽을 수 없다. 한국의 어느 길거리에서도 연결이 가능하던 그 흔하디흔한 와이파이는커녕 나름의 신세대 청년들마저도 손가락 두 개만 한 2G 휴대폰을 사용한다. 마치 가스라는 개념을 모르는 것처럼 사람들은 여전히 숯에 불을 붙여 요리를 하고 거리에는 번잡함 속 만들어진 그들만의 규칙으로 염소와 자전거, 닭과 아이들이 함께 길을 거닌다. 포장되지 않은 도로를 달리는 버스는 문을 닫지 않아 모래가 가득한 바람에 두 눈을 감게 만든다.

하루에도 몇 번씩이나 휴대폰 속 달력을 의심케 만드는 이들

의 삶을 이방인으로서 온전히 받아들이기에는 많은 생각을 거쳐야만 한다. 이곳의 모든 것은 내게 '일상'이 아닌 낯선 경험일뿐더러 내가 살던 곳에서는 이러한 것들을 그저 '불편'으로 치부하기 십상이기 때문이다. 물론 나 또한 아직까지도 샤워 도중 단수가 되는 상황이나 며칠씩이나 한국에 있는 친구들과 연락이 닿지 못하는 상황, 휴대폰 충전을 할 수 없어 이어폰이 무용지물이 되는 것은 익숙지 않다.

일이 주 지나면 어느 정도 적응할 만도 한데 12인승 버스에 30명이 욱여 탈 때마다, 차콜(숯)을 쪼개 작디작은 아궁이에 넣을 때마다, 11시에서 6시 사이면 매일 같이 찾아오는 정전에 '지금이 2016년이 맞나' 하는 생각이 들곤 했다.

그럼에도 이들은 구태여 옷에 묻은 먼지를 털어 내거나 숯에 불이 붙지 않는다고 짜증을 내지도 않고 페이스북에 누가 좋아요를 눌렀는지는 관심도 없으며 씻을 물이 없다고 불편해하지 않는다. 불편하거나 혹은 낭만적이거나. 이들은 본인들의 일상이 누군가에게 불편함으로 다가올 수 있다는 것을 알지 못한다. 이들에게는 '일상과 삶'을 받아들이는 것을 방해하는 어떠한 경험과 관점이 존재하지 않는 것이다.

때문에 내가 할 수 있는 것은 그저 받아들이는 연습뿐이다. 기왕이면 좋은 쪽으로. 그래서 기댄 것이 낭만. 그 단어의 알 수 없는 힘은 빛이 없는 삶에 별빛을 담게 하고 기계적 편리함의 부재로 하여금 정신적 소통을 가능케 한다. 어쩐지 이 나라에 있는 동안은 낭만의 힘 뒤에 숨는 일이 잦아질 것만 같다. '받아들이는 연습'이라는 명목으로 말이다.

언젠가의 일기
: 용기의 단상

어쩌면 용기라는 건 사회에서 만든 기준에 도달하지 않으면 그 마음을 좀처럼 인정받기가 어려워나 스스로도 알 수가 없는 건지도 모른다. 사람들은 머나먼 이국땅에 홀로 선 것은 용기라고 하지만 소문 없는 낯선 식당에 들어서는 것과 수영을 배우는 일, 그리고 친구에게 사과를 하는 일과 모두가 좋아하는 것을 싫어하는 일은 용기라고 하지 않는다.

우리는 경험해 보지 않은 무언가에 대해 혹은 일전의 어떠한 일로 하여금 주저하는 일에 다시 도전하는 것에 대해 끊임없이 '용기' 있게 도전하고 있음에도 스스로 받아들이지 않거나 타인에게 그렇게 여겨진다고 생각한다. 어쩌면 그 누구도 용

기가 필요했던 일에 그러한 행동이었다고 말해 주지 않았거
나 한 가지 측면만을 강조했기 때문일지도 모르는 일이다.

어느 날 문득, 아니 문득이라기엔 꽤나 긴 시간 동안 남몰래
이제는 그만 오랜 여행을 마칠 때가 된 것 같다는 생각을 줄
곧 해 왔다. 그 생각은 좀처럼 정리가 되질 않고 밤이 짙어질
수록 돌아가야겠다는 마음이 점점 커지면서 요 며칠 여러 복
잡한 감정들이 뒤엉켜 마음을 소란하게 만들었다.

나는 지난 20대의 절반을 떠나는 것에만 집중하며 살아왔고
안일하게도 일상을 '떠나는 것'만이 용기라고 생각했다. 그런
데 어느새 떠나는 것에만 익숙해져 버린 지금, 나는 일상으로
'돌아가는 것'에 대한 용기가 부족하다.

하루에도 숱하게 쏟아지는 칼럼과 SNS 속 열변을 토하는 청
년들은 하나같이 '떠나라'고 말한다. 수능 대신 떠나고 사표
던지고 떠나고 떠나지 못할 이유가 더 생기기 전에 떠나야
한단다. 그러나 그 누구도 긴 여행을 마치고 '돌아오는' 이에
겐 위로와 응원의 말을 건네지 않는다.

몇백 번의 해가 지고 뜨길 반복하는 사이 내 나름대로 많은 것을 보고 듣고 느꼈다고 생각했는데 내가 돌아가야 할 세상은 그대로라면, 그 안에서 같은 색의 이방인으로 살아가야 한다면 이 얼마나 두려운 일인지 생각했다. 우습게도 나는 내가 살던 곳으로 돌아가는 것이 두렵다.

돌아가는 것에 대한 용기, 너무나 당연하다 여기기 때문인 걸까. 유난히도 정리가 되지 않는다.

고요함만이 맴도는 방 안에 스위치를 누르면 그 순간은 암흑에 젖어 아무것도 볼 수 없지만 이윽고 우리의 두 눈은 창틈으로 새어 나오는 빛을 찾아 시야를 밝힌다.

당장 앞이 보이지 않는다고 불안해 하지 말자. 그저 아주 잠깐 빛이 숨었을 뿐, 두 눈이 빛을 다시 찾는 데 걸리는 시간은 그리 길지 않으니 말이다.

느리게
걷는
법

내가, 우리가 그리고 사람들이 까미노를 걷는 이유는 다양하다. 종교에 대한 믿음, 새로운 것을 향한 모험, 스스로를 위한 위로, 누군가에 관한 죄책감 혹은 용서 등. 저마다 다른 크기의 가방에 가리비 모양의 표식을 달고 나면 소위 '순례자'들의 다양한 목적과 감정은 한데 뒤섞여 800km에 달하는 길 위에 놓이게 된다. 사람들은 이 길이 끝나면 제각기 바라던 것들을 이루길 소망한다. 나는 이 끝없이 펼쳐진 길 위에서 천천히 걷는 것을 배우길 바란다. '천천히'라는 것은 꽤나 단순한 뜻을 품고 있지만 낭만이 조롱당하고 여유가 게으름이 된 우리의 삶 속에서 시간에 구애받고 싶지 않다는 말은 배부른 소리로 치부되기 십상이다. 우리는 그렇게 배웠고 살아왔고 살아가고 있으니 애석하게도 어쩔 도리가 없다.

얼마 전까지만 해도 까미노를 왜 걷느냐는 물음에 "이유가 없다."고 말했다. 사실이었다. 이유가 없는 것이 이유였다. 사진 한 장을 보았고, 가고 싶어졌고, 그래서 왔다. 그러던 어느 새벽, 함께 걷던 한 사람의 이야기가 내게 하나의 이유를 만들어 주었다.

내가 그러했던 것처럼 많은 사람들은 까미노를 빗대어 여유, 회개, 사색이라 표현한다. 그러나 직접 피부로 느낀 이 길 위의 사람들은 저마다의 이유로 무언가에 쫓기는 듯했다. 그중 가장 큰 이유는 해마다 늘어 가는 순례자 수에 비해 넉넉지 않은 알베르게(숙소) 숫자 때문이었다. 사람들은 매일 같이 새벽 5~6시 사이에 하루를 시작하고 혹여나 숙소를 놓칠까 혹은 태양에 피부가 그을릴까 쉬는 것을 마다하며 걸음을 재촉했다.

그런 분위기 속에서 그녀의 걸음은 다른 순례자들에게 작은 문제쯤으로 받아들여진 듯했다. 서두르는 것을 원치 않는다는 그녀는 말했다.

"어느 날 내가 걷고 있는데 모든 사람들이 내게 물었어. '괜찮아?' '문제 있어? 도와줄까?' 하고. 그들의 걱정은 고마워. 그런데 난 전혀 문제가 없다고. 난 그저 내 속도에 맞출 뿐이야. 이게 문제가 돼? 저마다 걷는 속도가 다른 걸, 그게 왜 문제가 되는지 모르겠어."

내가 걷고 있는 길은 경쟁도 시험도 아닌 자유의 길이다. 멈추고 싶을 때 멈추는 것. 내 속도, 기분, 상태에 맞출 수 있는 몇 안 되는 길. 그러한 길에서 나는 왜 구태여 하루에 갈 거리를 정하고 속도를 정하며 쉬고 싶을 때 쉬지 못하고 한사코 무언가를 계산하고 있는 걸까.

이제는 말할 수 있다. 느리게 걷는 것을 배우고 싶다고. 얻는 것보다 내려놓는 것이 어렵고 배낭 한가득 짐을 꾸리는 것보다 불필요한 것을 빼내는 것이 어려운 세상에서, 높이 1400m가 넘는 피레네 산맥을 8시간 동안 넘으면서 발톱 몇 개를 빼 놓고도 이렇게 뒤처지다 하나뿐이라는 숙소에 자리가 없으면 어쩌지 하고 고민하던 그날보다는 느리게 걸을 수 있기를. 걸어온 시간보다 걸어가야 할 시간이 많은 지금, 한껏 부은 두 다리를 붙잡으면서도 쉴 수 없어 스스로를 옭아매던 그 시간이 이제는 반복되지 않기를, 누군가의 뒷모습에 조급해 하지 않기를 바라며 나는 오늘도 길을 걷는다.

　　체념

　　　　알베르게에서 만난 한 친구는 손가락
세 개가 없다. 그녀는 언제나 남들보다 두 손에 힘을 가득 주
어야 한다. 그렇지 않으면 놓칠 테니까. 지친 하루를 마무리
할 때면 랩톱보다는 노트에 무언갈 적어 내렸을 그녀의 오른
손에는 굳은살이 진하게 박혀 있다. 그 손을 가만히 바라보
다 숱하게 갖고 있는 불만 중 한 가지를 길 위에 내려놓았다.

시간

목적지가 없으니 길을 찾을 필요가 없다.

길을 찾지 않으니 길을 잃을 이유가 없다.

길을 잃지 않으니 조급해 할 이유가 없었고

조급해 하지 않으니

그제야 시간이 곁에 머무르기 시작했다.

싫어할 권리

여행이 마치 유행처럼 번지기 시작하면서 우리는 어느샌가 이 작은 나라 안에서 떠나는 것마저도 경쟁을 하게 되었다. 사람들은 저마다 '누구' '~보다'라는 단어로 본인의 여행에 대해 자부한다. 물론 스스로에 대한 자부와 자신감은 전혀 문젯거리가 되지 않는다. 누군가에겐 오히려 갖추어야 할 것 중 하나가 될 수도 있다. 문제는 넘치는 자신감이 타인의 감정이나 의견을 무시하는 경우다.

저마다의 인생을 즐기기 위해 시작한 여행인데 요즘은 무슨 인생의 전부인 양 그것에 대해 관심을 보이지 않거나 설령 싫어하기라도 하면 마치 인생을 모르는 것처럼 치부하는 사람들이 점점 늘어나면서 좋아하는 것에 대한 자유는 보장이 되

면서 싫어하는 것에 대한 권리는 보호받지 못한다는 생각이
든다고나 할까.

나의 경우엔 여행이 좋다. 무언가를 얻기 위해서, 버리기 위
해서, 이유 없이 떠나왔다. 돈 없고 집 없이 숱한 밤을 보낸
내가 결코 떠나는 것을 반대하거나 비하하겠다는 것이 아니
다. 단지 요즘 작은 화면 속의 글들은 '용기'를 북돋아 주겠
다는 건지 혹은 '떠나지 않은 자, 루저' 하는 건지 모르겠다
는 말이다.

떠날 사람은 어떻게든 떠나게 돼 있고 애초에 떠나지 않을
사람이라면 주변에서 그 어떤 영웅담을 늘어놓는다 해도 그
저 강요로만 느껴질 뿐 흥미를 갖지 못할 것이다. 이러한 차
이는 누군가의 잘못이 아니라 그저 취향의 다름일 뿐이므로
어떠한 이유로도 그 누구도 타인을 무시하며 등 떠밀 권리는
없다.

우리는 오늘도 굉장히 다양한 부분에서 (예를 들어 해산물을 먹
지 않는 사람에게 인생의 맛을 모른다느니, 결혼에 관심 없는 사람에게 그런
사람들이 꼭 시집 일찍 간다느니, 옷에 관심 없는 사람에게 꾸밀 줄 모른다

느니, 술을 좋아하지 않는 사람에게 아직 어리다느니 등) 싫어할 권리를 너무나도 쉽게 박탈당하고 있다. 나 또한 무심코 던진 한마디에 누군가의 권리를 박탈하진 않았을까. 나 스스로도 돌이켜 볼 필요가 있다.

나의
그녀는

길거리에서 7천 원을 주우면 그 해 겨울 자선냄비에 3만 원을 넣는 사람. 호수에 핀 연꽃을 보기 위해 새벽같이 집을 나서는 사람. 장미 한 송이 품에 데려오면서도 몇 번이고 꺼내 보는 사람. 그리고는 예쁜 병에 담을지, 투명한 잔에 담을지 고민하는 사람. 꽃향기를 그냥 지나치지 못하고 결국 발이 묶여 버리는 사람. 정원에 계절 꽃을 심고 피워 낸 후 기어코 헤어지길 반복하는 사람. 겨울의 초입에서 만난 낙엽에 아직까지 남아 있어줘서 고맙다 인사 건네는 사람. 나의 그녀는 그런 사람.

사랑을 말하거나 바다를 볼 때 눈가가 시려 오면 어른이 된 거라는데 나를 보고 항상 웃어 주는 그녀의 눈은 왜인지 슬

프다. 어쩌면 그녀가 나의 바다인 걸까.

숱한 핑계로 미루고 미루다 오랜만에 집에 들른 나는 오늘도, 역시나 집 앞 뜰에 심은 꽃을 발견하지 못했다. 그녀는 여느 때처럼 고개를 저으며 "이런 걸 볼 줄 알아야 글을 쓰지 이 사람아." 하며 꽃에 대한 마음을 늘어놓는다. 비가 추적추적 와서 그런가. 오늘은 그녀에게서 유난히 꽃 냄새가 나는 것만 같다.

순수한
마음을
알아보는 것

바라나시 생활에 무료함을 느끼던 어느 날 연을 하나 샀다. 보라색 종이 연을 들고 가트에 나가자 나와 일행은 순식간에 이방인이 신기한 동네 꼬마들 사이에 둘러싸였다.

여러 꼬마들의 손을 탄 연은 어느새 찢겨졌고 그중 한 꼬마가 한껏 구겨진 스카치테이프로 찢어진 연을 정성스레 덧대 주었다. 나는 함께 있던 일행에게 눈짓을 했고 일행은 주머니에 있던 몇 루피를 꼬마에게 건넸다. 순간 꼬마는 가득하던 웃음기를 거두고 고개를 저었다.

"No Money."

아, 나는 그간 숱한 사람들을 만나 보았단 이유로 진심으로 다가온 꼬마의 마음을 섣불리 의심해 버린 것이다. 세상의 사람들은 생각보다 순수하지 않다며 그간 겪은 일들을 마치 영웅담인 양 구구절절 늘어놓곤 했는데, 정작 새 친구를 향한 순수한 마음을 알아보지 못했던 나는 아직도 그날의 부끄러움을 잊을 수가 없다. 순수한 마음을 알아보는 순수함. 그 마음이 내게 남아 있긴 한 걸까.

겨울
밤의
달

겨울, 밤, 의 달.

약속이라도 한 듯 마치 그러기 위해 생겨난 것처럼

마음 한 켠 울리기에 모자람이 없는 것들.

싫어하는
사람이
내가 될까 봐

　　여행을 통해 많은 사람들을 만나게 되고 내 삶 안의 시간이 하루하루 지나면서 느끼는 것 한 가지는 쌓여 가는 경험과 시간과는 반대로 내 이야기를 하는 것이 더욱 어려워진다는 것이다. 아니, 불편하다는 말이 맞을 수도 있겠다.

해가 바뀌었으니 이제는 3년 전쯤이 된 그 해에 볼품없는 자전거 한 대로 전국일주를 하며 SNS를 시작했다. 태그 하나에 수천 명의 관심사를 둘러볼 수 있다는 한 어플의 장점으로 나는 다양한 사람들의 일상을 보았고 그만큼 많은 사람들이 내 이야기를 보게 되었다. 손가락 끝의 움직임 한 번에 관심사를 공유할 수 있는 세상이었다. 내가 가고 싶던 곳, 다녀온 곳, 내가 공감한 글, 내가 쓴 글들을 불특정 다수와 나누면서 나는 뜻하지 않은 관심을 받게 되었다. 그때 나이 스물셋이었다.

당시에 나는 나를 내보이는 것이 즐거웠다. 내 생각에, 내 사진에 대한 관심이 좋았다. 내가 걸어온 길이 누군가에게 참고서가 되었으면 한다는 생각이 들었다. 그렇게 나를 궁금해하는 이들에게 내 이야기를 가감 없이 늘어놓던 어느 날 나는 놓치면 안 될 것을 놓쳤다는 걸 깨달았다. 사람들이 내 이야기에 공감을 해 줄수록 내 경험을 그들에게 강요하는 뉘앙스를 풍기고 있던 것이다. 강요와 권유는 종이 한 장 차이인 터라 스스로 인식하지 못했다. 어쩌면 스물셋의 오류였다. 그 무의식을 일깨워 준 것은 삼촌이었다.

"네가 다른 사람들의 삶에 마침표를 찍을 권리는 없어. 네가 뭔데? 그 사람들은 너랑 다르게 살았잖아."

그때의 나를 포함한 꽤 많은 사람들은 쉽게 '떠나라'고 했다. 나는 이렇게 했으니 너도 할 수 있다고 했다. 나는 '해 보는 것도 좋아'와 '해야만 해'는 받아들이는 이에게 굉장히 큰 심적 차이를 준다고 생각한다. 내가 놓친 것은 그것이었다. 내 이야기를 듣는 이에게 여행은, 하고 싶은 일을 하는 것은, 인생에 한 번쯤 해 보는 것도 좋은 일이 아닌 꼭 해야만 하는 일이라고, 즉 그렇게 듣기 싫었던 '공부하지 않으면 안 돼'라는 이유도 목적도 없는 '하면 좋으니까 해야 해'와 같은 말을 했던 것이다.

삼촌의 말을 듣는 대로 인정하긴 쉽지 않았다. 나름 견제하고 있던 부분이었는데도 보란 듯이 놓쳐 버렸으니 스스로 부끄러웠다. 마음속 깊이 인정받고 싶던 사람에게 그러지 못했다는 상실감도 컸다. 반년간 틈만 나면 삼촌의 말을 곱씹었다. 그렇다. 모든 사람들이 가진 전제조건은 다르다. 성향, 성격, 상황이 다르므로 권유는 할 수 있을지라도 강요는 할 수 없다. 요즘 가장 보기 싫은 말을 굳이 인용하자면 학자금 대출이 무엇인지도 모르는 금수저인 사람이 하루하루 전전긍긍하는 흙수저인 사람에게 여행은 빚내서라도 가는 것이라 하면 안 되는 것처럼. 삼촌의 말 그대로 난 그러할 권리가 없다.

그렇게 마음속 경계 리스트가 하나씩 채워지면서 생긴 변화는 내 이야기를 하는 것이 조심스러워졌단 것이다. 그 후로 지구 한 바퀴를 돌았다. 본인의 세상을 내게 강요하려는 사람을 만나면 마치 병처럼 피했다. 대화의 여지를 주지 않았고 말하지 않았다. 차라리 입을 닫는 것이 마음 편했으니까. 여전히 내가 만난 세상은, SNS 속의 사람들은 본인의 이야기를 저마다의 방법으로 표현하고 있었다. 누구나 알지만 누구나 실수하기 쉬운 방법으로.

스물세 살의 오늘보다 나는 분명 많은 것을 보았고 다양한 사람을 만났는데 희한하게 조금씩 익어 가고 있다고 생각했던 내 이야기를 하는 것이 더욱 어렵게 느껴지는 이유. 나를 내보이는 게 즐거웠던 그때와는 달리 몇 년이 지난 지금, 좋게 풀이하면 스스로 조심해야 할 것이라 정했던 마음의 틀이 조금은 견고해졌기 때문일 수 있겠다.

한국에 돌아가면, 보고 싶던 친구들을 만나면, 지난날에 대해 쉴 틈 없이 내뱉어도 며칠은 걸릴 것 같던 내 이야기였지만 요즘은 그간 어떻게 지냈냐는 물음에 쉽사리 말문을 열 수 없는 이유. 혹시나 내가 싫어하는 사람이 내가 될까 봐. 그게 아니면 나조차도 내가 어떤 길을 걸어왔는지 정리가 되지 않아서.

나는 여전히 내 이야기를 하는 법을 모르겠다. '해야만 해'는
권위적이고 '할 수도 있지'는 책임 회피 같고 '하고 싶은 대로
해'는 주관 없어 보일까 봐. 그래서인지 요즘은 차라리 답 없
는 주제에 대한 독백을 즐기는 중이다. 이를테면 사람이 변할
수 있느냐를 두고 본성과 노력의 양을 저울질해 보는 것과
같은.

여행, 사랑
그 두 개가 엉키면
인생이겠죠

어제 저녁, 영화 한 편을 봤다. 개봉 연도가 내가 태어났을 즈음이니까 꽤나 오래된 영화다. 일주일 전쯤인가 바라나시의 한 식당에서 만난 사내가 가지고 있는 영화가 있느냐 묻길래 이때다 싶어 서로 갖고 있는 영화를 교환했다. 그렇게 보게 된 알 파치노 주연의 〈여인의 향기〉였다.

퇴역한 어느 중령과 생활고 탓에 추수감사절에 집에 가지 않고 일자리를 구하던 한 학생의 우정과 모험 아닌 모험 이야기에 슬며시 감성이 젖어 갈 때쯤 꽤나 익숙한 대사 한마디가 흘러나왔다.

"스텝이 엉키면 그게 탱고예요."

아, 어디서 들어봤더라. 그래 책이다. 이병률 작가의 『끌림』이란 책이었던 듯하다. 꽤 오래전에 읽었던 책이라 정확히 기억은 안 나지만 저자가 탱고에 대해 이야기했던 챕터였던 것 같다. 그는 영화 속 '스텝이 엉키면 탱고'라는 말을 인용해 '마음이 엉키면 사랑'이라는 말을 했었다.

그 한마디를 몇 번이고 되뇌는데 문득 최갑수 작가의 『우리는 사랑 아니면 여행이겠지』라는 책 제목이 생각나는 건 왜인지. 최갑수 작가의 책 제목과 이병률 작가의 글을 번갈아 계속해 곱씹으니 머릿속에는 "그래요. 설레면 사랑, 두려우면 여행. 그 두 가지가 섞이면 그게 인생이겠죠." 하는 혼잣말이 떠워졌다. 마치 누군가에게 대답이라도 하는 것처럼.

설레는 모든 것은 사랑이다. 단 한 번 마주친 사람에게 반하는 것은 믿으면서 화면 속 연예인에 대한 사랑은 믿지 않는다는 건 우스운 일이라는 가수 타블로의 말처럼 나이나, 직업이나, 성별을 떠나 그 누구에게든 설렘을 느낀다면 그것은 사랑이다. 떠나온 어느 도시에서 설렘을 느낀다면 그 도시는 사랑이다. 사랑의 깊이와 대상은 정해져 있지 않으니 내가 설렌다면 그것은 사랑이다.

두렵다면 여행이다. 익숙하지 않은 것은 두렵기 마련이니까. 그러니까 어쩌면 내가 살아온 틀을 벗어나는 것만이 여행이 아니라 낯선 것을 비롯한 두려움은 모두 여행일지도 모른다. 새로운 회사와 학교에 면접을 보러 가는 그 길의 두려움은 내 미래에 대한 여행인 것이고, 겪고 싶지 않은 일에 대한 두려움은 삶의 성숙을 위한 셈이다.

우리는 오늘도 설렘과 두려움, 사랑과 여행이 한데 섞여 인생을 살아가고 있겠지. 나는 내 방식대로 당신은 당신의 방식대로. 다만 문득 궁금한 것은 나는 그리고 당신은 무엇에 설레하고 무엇을 두려워하며 살아가고 있는 걸까.

영화 속 알 파치노처럼 26년을 장교로 지내다 퇴역하고 두 눈을 잃어야만 스텝이 엉키면 탱고라는 것을 알 수 있는 건 아닐 거라 믿고 오늘은 이 긴 밤, 그 질문에 답을 하나씩 떠올려 보련다.

Rite Way
DEMOLITION
Rite Way
DEMOLITION &
718-468-8900

깊은
바다

사람들은 저마다 본인의 세계가 있다. 누군가는 그것을 일컬어 우주라 하기도 하고 바다라 하기도 한다. 셀 수 없는 별들이 우주를 수놓고 각기 다른 물줄기가 한데 모여 바다를 이루는 것처럼, 갖가지 다양한 조각이 오랜 시간 차곡차곡 모여 하나의 세계를 이룬다.

그런데 때때로 우리는 그러한 타인의 세계를 함부로 헤집어 놓을 때가 있다. 저마다 내세운 이름 뒤에 숨은 그 마음은 바람과도 같아서 고요한 바다에 파도를 일게 한다. 꽤나 단단히 얼었다고 믿었던 나의 바다 역시 그렇게 은밀하게 다가오는 심술에 가차 없이 일렁인다.

커피처럼
살면
좋겠다

평소 커피를 즐겨 마시는 편이다. 커피 자체가 좋기도 하지만 카페의 적당한 소음과 조명에 편안함을 느껴 책을 읽을 때에도 글 정리를 할 때에도 곧잘 카페를 찾았다. 휴일의 어느 날 사람 구경이나 할까 싶고 머리도 식히고 싶은데 마땅한 장소가 떠오르지 않을 때면 언제나 한강 혹은 카페로 향했다. 그것은 한국에서뿐만이 아니었다. 캐나다에서 한 해를 보내고 덥다 못해 타들어 갈 것 같던 이집트에서 여름을 지내고 크로아티아에서 세 달 동안 허드렛일을 하면서도 틈이 나면 항상 커피 내음을 따라가곤 했다.

서울살이를 할 적에 룸메이트였던 P는 바리스타였다. 그녀의 직업이 유일한 이유는 아니었지만 어쨌든 그녀와 나의 휴일은 역시나 카페였다. 내가 네팔로 떠나던 날 그녀는 내게 핸드드립(드립백) 커피를 건넸다. 나는 그걸 배낭 깊숙이 구겨 넣고 히말라야에 오를 때 요긴하게 마시겠노라 말했다. 그러나 4130m 고도에서 향 좋은 커피를 마실 정신 따윈 없었다. 아니 실은 드립백을 열어 빠르지도 느리지도 않게 물을 부으며 커피가 우러나길 기다릴 마음의 여유가 없었다. 부족한 산소에 물 한 통을 다 마시고 누워 있기 바빴으니까.

지난 새해에 네팔에서 2주를 보내고 인도로 넘어왔다. 북부에서 얼마간의 시간을 보내고 남쪽으로 내려왔을 때 남인도의 강렬한 햇빛에 조금 갑갑함을 느꼈다. 이슬람 사원의 새벽 기도 소리가 끝나고 두어 시간쯤 눈을 더 붙이면 잊지 않고 해가 강렬히 떠올랐다. 볕이 꽤나 잘 드는 내 방은 9시와 10시 사이쯤 눈을 뜰 수밖에 없었다. 바다와 술, 별과 향기가 있는 곳에서 생겨 버린 시간과 사라져 버린 일정에 나는 그제야 가방에서 P가 건넨 커피를 꺼낼 수 있었다.

이른 아침(여행자에게 9시는 꼭두새벽이 아니던가.) 눈을 뜨면 나는 곤히 자는 일행을 그대로 두고 1층으로 내려온다. 나쁘지 않은 온도에 마당 정원을 마주하고 앉아 P가 건넨 커피를 넓은

항아리 같은 잔에 올려 두고 넓은 대야 같은 냄비(가 아닐 수도
있는 어떠한 곳)에 물을 끓인다. 제대로 된 커피포트 하나 없는
주방이지만 열흘쯤 지내보니 썩 나쁘지 않다.

평소 워낙 성미가 급한 나는 인덕션에 올려 둔 물이 끓는 것
을 기다리지 못하고 다시 마당으로 나와 노트북을 켠다. 그
러다 직원이 "네 물 뜨겁다!" 하고 친절히도 알려 주면 "오!
쏘리!" 하고 사과를 하며 서둘러 부엌으로 향한다.

주전자도 아닌 냄비에 물을 끓여 적당한 물줄기로 천천히 커
피를 내린다는 건 애초에 불가능한 일일 수도 있지만 내게
주전자의 주둥이 여부는 중요하지 않다. 종이 필터 위에 얹어
진 원두 가루에 물 조절을 실패해 한없이 부풀었다가 줄어들
길 반복하는 커피를 바라보다 문득, 우리도 커피처럼만 살아
가면 좋지 않을까 하는 심심한 생각을 해 본다.

급하지도 않고 느리지도 않게, 강하지도 약하지도 않은 일정
의 속도와 힘을 가해 마치 필터 위 원두에 물을 붓듯 살아간
다면 우리네 삶에 어떠한 것에 강렬히 몰두하다 일순간 모든
걸 소진해 무기력해지는 일 따위는 없지 않을까 하며.

보이는 것만이
전부는 아니다

오늘도 인터넷에는 수많은 감동과 모험 스토리가 넘쳐흐른다. 할 일 없이 앉아 있다 나도 휴대폰을 든다. 어플을 켜고 사진을 하나 골라 "그녀의 수줍은 웃음은 아이를 좋아하지 않는 어른의 마음까지도 녹게 만들었다." 하고 메마른 표정으로 몇 자 적는다. 그럼 사람들이 잔잔한 감동을 느낄지도 모르니까.

그러나 카메라를 가방에 넣자마자 웃음을 거두고 뒤돌아 걷던 그녀의 모습은 뭐랄까, 이렇게나 눈부신 미소에도 도무지 적을 수 있는 말을 없게 만들었달까.

마음의 온도계

지난 여행길에 이기주 작가의 『언어의 온도』를 애독했다. 맞다. 언어에는 분명 온도가 있다. 사람은 온도가 낮은 말에 상처를 받고 온도가 뜨거운 말에 부담을 느끼며 마치 온수와 냉수가 적절히 섞여 기분 좋은 목욕물과 같은 온도를 찾게 되면 편안함과 황홀함 같은 감정을 느낀다. 대부분의 사람은 뜨거운 것과 미지근한 것 사이의 온화한 말을 원한다. 이를테면 '사랑해'와 같은 뜨거움과 '우리 안 본 지 꽤 됐네'와 같은 미지근함 사이의 '오늘은 왜인지 네 생각이 나더라'와 같은.

그러나 사람들은 상대가 어떠한 온도의 말을 원하는지 알면서도 때때로 사랑하는 사람에게 부러 언어의 온도를 낮출 때가 있다. 마음의 온도는 전혀 그렇지 않음에도 내뱉는 말에 살얼음이 녹아 있다. 상대는 부정할 여력 없이 상처를 받게 되고 결국 보다 더 차가운 말이 내 마음에 박혀 버린다. 이는 아마 언어의 온도를 결정하는 마음의 온도계가 자주 고장이 나기 때문일 것이다.

간혹 나조차도 내 마음을 잘 모르는 시점이 찾아오거나 어느 노래 가사처럼 다짐으로 세운 모래성이 심술에 의해 무너지게 되면 내 마음 안의 온도계가 제멋대로 움직여 버린다. 그렇게 되면 기어코 상대에게 혹은 스스로에게 상처의 말을 건네게 된다.

애석하게도 고장 난 마음의 온도계는 좀처럼 고쳐지지 않고 몇몇의 사람은 자신의 온도계가 고장 난 사실조차 모른 채로 살아간다. 그래서 나는 밤이면 내 언어의 온도는 오늘 어땠는지, 마음의 온도계가 여전히 오르락내리락하며 누군가의 마음에 비수를 꽂지는 않았는지 되뇌어 보곤 한다. 그 언젠가 내 마음의 온도계를 내 의지대로 조절할 수 없을 때 스스로 자각조차 할 수 없을까 두려워서.

내 집이
아닌 곳에
집이 생겼다

10년 만기의 여권 수명이 반쯤 깎이니 어느새 적잖은 나라들을 지나오게 되었다. 그중에는 빡빡한 일정에 하루도 채 머물지 않은 곳도 있고 반대로 두세 달 정도 공간을 얻어 살며 꽤 긴 시간을 보낸 곳도 있다. 그리고 나는 그 공간을 집이라 불렀다.

여행자에게 집이란 어떤 걸까. 매일 아침이면 자물쇠로 고정한 배낭을 흔들리는 침대 다리에 묶어 놓고도 마음 편히 외출할 수 없는 거 말고, 어제 사 온 과일 봉지에 이름을 붙여 공용 냉장고 한편에 넣어야 하는 규칙 따위는 없는, 오늘이 아니어도 내일이 있어 서두를 필요 없고 늦잠을 자려다가도 정오에 찾아오는 청소 시간에 자리를 비켜줘야 하는 수고스러움과는 거리가 먼 거. 그래, 뭐 그런 거.

나의 경우 여행 중 여러 번 집이 있었다. 그리고 한국의 일상을 그곳으로 끌어오는 일은 적잖은 용기가 필요했다. 아무것도 하지 않을 용기 혹은 아무 일 없는 하루를 덤덤히 받아들일 용기 그리고 카메라를 두고 산책할 용기와 같은(여행지에서 감히 카메라를 귀찮아 한다는 건 호랑이 굴에 맨몸으로 들어가는 대범함과 비슷하다 믿는다).

온갖 다짐과 사연을 엮어 이유를 만들고 떠난 여행에서 아무것도 안 할 용기라니. 수없이 반복했던 그 어떤 치기 어린 다짐보다 아무것도 안 하는 데에 쓰인 용기의 양이 더 크다면 믿으려나.

여행 중 집이 생긴다는 건 어쩌면 다른 게 아니라 지극히 평범한 하루를 어느 낯선 땅으로, 조금 더 정확히 말하면 간절히 바라던 곳으로 끌어올 용기가 필요한 일일지 모른다. 그토록 바라던 꿈이 그저 그런 하루가 되는 것을 온전히 받아들일 수 있을 때, 비로소 우리는 그 공간에서 편안함을 느낄 수 있을 테니 말이다.

새벽을 향해 가는 밤

잘 짜여진 굴레와 같은 하루는 지루하고 낙엽처럼 휘날리는 삶은 불안하기에 끊임없이 떠나고 돌아오길 반복하던 나는, 외로움에 숱한 밤을 길 위에서 뒤척였지만 결국 다시 혼자만의 시간을 그리워했다.

꿈이란 것은 이루는 것보다 때때로 깊은 밤에 만나기가 더 간절해서 잠을 이루지 못하다, 나의 하루는 어느새 오늘의 새벽을 향해 또다시 겨울을 향해 가고 있다.

THE SETTLER'S CABIN

막연한 기대

여행을 떠남으로써 왜인지 우리는 새로운 삶에 대한 막연한 기대를 갖는다. 어쩌면 그렇게 믿어야만 떠날 명분이 생길 것 같고 흔히들 말하는 '청춘'다운 여행이라 생각하는지도 모르겠다. 나 역시 그랬다. 그러나 길고 짧은 여행을 마치고 집으로 돌아올 때마다 잔인하게도 달라진 건 없었다. 오히려 달라질 줄 알았던 삶과 그렇지 않다는 사실 사이의 괴리감에 공허함만 짙어졌다. 몇 번이고 다시 떠나고 돌아오길 반복했지만 내 삶은 그리 특별해지지 않았다.

나는 여전히 졸린 눈으로 지하철에 몸을 실었고 피곤한 몸으로 퇴근을 했으며 덕분에 온전히 나에게 들일 수 있는 시간마저 확연히 줄어들었다. 여유라는 마음을 배워 온 듯했으나 내가 살아가야 할 곳의 사람들은 여전히 바쁘게 움직였고 내가 그곳에서 느꼈던 감정들은 현실성 없이 겉도는 것쯤으로 정의 내려지는 듯했다.

비슷한 시기에 한국으로 돌아온 친구 S는 말했다. "여행 중에 했던 인터뷰의 마지막 질문이 '한국으로 돌아갈 때 가장 두려운 게 무엇이냐'는 거였는데, 그때 '지금 이 느낌을 잊고 사는 거'라고 답했거든. 근데 내가 벌써 그러고 있더라." 후배 K 역시 비슷한 이유로 탄식했다.

대부분의 여행자들이 긴 여행을 마치고 돌아왔을 때 가장 두려워하는 것은 예상컨대 돌아올 자리가 없는 것도 아니고, 남들보다 뒤처지는 것도 아니고, 그저 내가 보고 듣고 느꼈던 것들이 점차 사회가 만든 '현실'이라는 벽에 부딪쳐 사라지는 것일지도 모른다. 아, 어쩌면 여행 후에 달라진 것이 없다며 홀로 괴로워하는 것 역시 '현실'이 내뱉는 추궁에 지나온 시간들을 합리화할 수 없을지 모른다는 불안함에서 오는 두려움 아닐까.

현실. 그러고 보면 여행지에서 만난 대부분의 사람들은 '현

실'이라는 말을 쓰지 않았다. 그러나 그들은 어딘가에서 '현실'에서 벗어난 사람들로 인식되고 있는 듯했다. 먹고 싶은 거 먹고 쉬고 싶은 만큼 쉬는 것. 살아 숨 쉬는 내가 값을 주고 행하는 모든 것이 어찌 비현실이 될 수 있는지. 혹시 그 누군가 이 모든 걸 비현실로 정의 내렸기 때문에 현실과의 이해관계에서 숱한 장애물이 생겨나고 결국 잊어 가야만 살아가기 편하게끔 만들어 버린 건 아닐런지.

왜인지 나는 이제 그간 어땠느냐는 안부에 그저 지난 공백에 비례하는 무언가를 바라는 벽 앞에 무너지지 않으려 노력하고 있다는 대답밖에는 할 말이 없을 것 같다.

그럴
나이

사람은 저마다 처음인 삶을 살아간다. 때문에 인간이 헤아릴 수 있는 한정된 역사 속에 고작 몇 년의 시간을 먼저 걸었다는 이유로 타인의 삶을 우습게 볼 수도 도 넘은 간섭을 할 수도 없다. 세상은 변하고 그때에 가능했던 것들은 그때에 존재하며 몇십 년을 더 살았다는 그들조차 2017년의 5월 29일은 처음일 테니까.

나 역시 오늘을 처음 살아 본다. 그래서 혼란스럽다. 몇 년 전에는 괜찮았던 것들이 지금은 그렇지 않고, 그때에는 하지 않아도 됐던 것들을 지금은 반드시 해야 하고. 틀에 맞춰 살지 않겠다 다짐해 놓고 누구보다 틀에 맞추려 하는 내 모습이 스스로도 도무지 이해가 가질 않는다.

고작 3년이다. 어디에 가도 어리다는 이야기를 듣고 때로는 내 노력이 '그럴 나이'니까 당연한 일이 되었음에 번득 화가 나기도 했던 시절이 있었는데 지금은 모두가 '그럴 나이'는 아니라고 한다. 아니, 실은 스스로가 그렇다고 말하고 있다.

여행을 떠나기 전이나 지금이나 내 모든 건 그대로라 말하고 싶지만, 많은 게 변했다. 언제부터인가 여행 프로그램을 보고 마음이 들뜨거나 내가 그곳에 존재하는 상상을 더 이상 하지 않는다. 어쩌면 일부러 안 본 걸 수도 있겠지만, 하여간 흥밋거리는 전처럼 생기지 않고 무언가를 계획할 때 리스크를 먼저 생각하곤 한다.

요즘은 기분이 하루에도 몇 번씩이나 롤러코스터를 탄다. 생각은 혼자 하고 대화는 같이 하는 거니까. 혼자 한 생각을 지인들과 나누다 내린 결론은 결국 이 모든 이유는 '나이' 때문이다. 누군가에겐 안정적인 것을 추구해야 할 나이고 누군가에겐 좀 더 자유로워도 될 나이고 누군가에겐 꿈이 있어야 할 나이지만 누군가에겐 꿈을 찾을 수 있는 나이라서 나는 계속해서 흔들리고 부서진다.

그래, 나는 지금 '그럴 나이'다. 흔들린 만큼 단단해지거나 부서지다 생겨 버린 부스러기들을 온전히 스스로 처리해야 하는 '그럴 나이'. 내가 살아갈 사회의 눈치를 보지 않기엔 연로하고, 얽매여 있기엔 어려서 방황할 나이. 비슷한 삶을 살던 학창 시절 친구들이 어느새 어른이 되어 저마다의 삶을 찾아가는 모습을 바라보며 머릿속이 소란해질 나이.

"나이 생각하지 마세요."라고 말했던 그때에 존재하던 나는 온데간데없고 "어찌 됐든 한국 사회에서 나이를 무시할 수는 없는 거니까요." 하고 합리화하는 지금의 나는 평생 해마다 바뀌는 '그럴 나이'에 맞는 하루하루를 보내겠지만, 어찌 됐든 나는 지금도 '그럴 나이'니까.

숨겨진 달

　　사람들은 집단 안에서 본인 스스로 일부분만 보이려 하거나 자신이 마주한 단면적인 모습으로 타인을 판단하고 그만큼 쉽게 실망을 한다. 만약 한 번쯤 어둠에 가려져 제 모습을 감추고 있는 달과 같이 상대를 생각한다면 우리는 서로를 조금 더 이해할 수 있을까.

늘 같은 모양을 하고 있는 달을 다르게 비추는 빛과 같이 누군가가 본인의 한 부분만을 드러낼 수밖에 없게끔 만드는 것은, 어쩌면 태양처럼 강한 다수의 고정된 시선은 아닐까.

늘
먹던
걸로

영화 〈심야식당〉에 나오는 단골손님들은 특별한 일이 없는 이상 자리에 앉아 "마스터, 늘 먹던 걸로." 하고 주문한다. 지극히 주관적이지만, 그만큼 개개인에게 정확히 맞추어진 주문을 받은 마스터는 상대가 바라는 게 무엇인지 익히 안다는 듯 간결히 답을 하고 요리를 시작한다.

'늘 먹던 걸로'

익숙한 것은 이처럼 편리하다. 익숙함은 빠르지 않은 속도로 차곡차곡 쌓여 가는 시간을 필요로 하는 대신 한 번 '익숙한 것'으로 자리 잡게 되면 지나온 시간만큼이나 많은 것들을 간단하게 만든다. 쉽게 말해 무언가를 선택함에 있어 고민을 할 필요가 없게 되거나 그에 할애될 시간을 효율적으로 줄여준다.

식당에 가거나 옷을 고를 때에도, 하다못해 사랑하는 이를 찾을 때에도 익숙함은 어느새 취향이 되어 본인의 주장을 강력히 펼친다. 다만, 그것은 애석하게도 새로운 것에 대한 두려움과 배척을 동반한다. 편리한 만큼 편안하고 편안해진 만큼 새로운 것에 대한 반감을 드러낸다고나 할까.

이러한 두 세계의 충돌을 마주한 사람들은 주로 '굳이'라는 단어를 쓴다. 물론 그 말은 본래의 것에 대한 마음이 더 크다는 뜻이다. 이는 그리 대단한 것에만 작용하는 것이 아니다. 늘 먹던 볶음 요리가 아닌 국물 요리를 선택할 때에도, 옷장 가득 메운 무채색 계열의 옷 사이에 형광색의 티셔츠가 자리하는 것에도 익숙함의 범주를 벗어나는 것은 한사코 마음속에서 큰 반감을 일으키게 된다.

물론 그 후의 선택은 지극히 개인의 몫일 테지만 익숙함이란 녀석은 계속해서 본인의 주장을 펼칠 것이다. '아니야, 너 원래 안 그랬잖아. 언제 새로 적응할 거야?' 혹은 익숙한 것을

CANDY
SHOP
LISCA
МЕНУВАЧНИЦА
ЕВРОПА
EXCHANGE OFFICE
EVROPA
DÖVIZ BÜROSU

잠시 떠났다 다시 돌아온 이에게는 '거 봐, 하던 게 제일이야' 하면서.

한 사람의 삶에 있어 익숙함은 많은 편리함을 주고 주체적인 선택을 하도록 하지만 그것에 익숙해지는 것은 한편으론 참으로 무서운 일이기도 하다. 멈추고 싶을 때 멈추지 못하는 이유가 되고 모든 걸 바꾸고 싶을 때 그러지 못하는 가장 큰 이유가 된다.

"늘 먹던 걸로 주세요."

6월의 어느 월요일 오후 4시. 뜨거운 햇빛과 함께 카페에 들어오신 한 아주머니의 그 한마디가 오늘따라 많은 생각을 하게 한다. 나는 과연 어느 것에 익숙해져 있을까. 그리고 그 익숙함은 또 어느 새로움에 어떤 반감을 가지고 나를 조종하고 있을까.

익숙함에 익숙해지는 것. 이처럼 삶에 무료함과 편리함을 동시에 주고 주체적인 삶을 살게 하면서도 쉽게 돌이키기 어려운 길을 걷게 하는 것이 또 있을까.

이를테면 꽤 키가 크고, 마른 체형을 가졌으며, 마음속 어느 부분에 결핍이 크게 존재하는, B형의 사람을 내리 다섯 명을 만나면서 어느새 그들에게 익숙해져 조금만 조건이 달라도 크게 매력을 느끼지 못하게 되어 버린 내 취향처럼 말이다.

고통

때때로 내게 여행은 고통이었다. 지금의 행복이 언제 끝날지 모른다는 불안에 휩싸일 때, 문득 내 삶이 전혀 변하지 않았다는 생각에 허우적댈 때, 그리고 이따금씩 감당하기 어려운 자극이 밀려올 때마다 나는 잦은 상실의 시간을 보냈다.

사람이 좋다던 나는 헤어짐이 두려워 스스로를 고립시켰고 때문에 나는 끊임없이 떠나야만 했다. 지금에서야 여행이 슬픈 이유는 어쩌면 그러한 이유에 있는지도 모른다. 나는 다를 거라 생각했으나 사실은 너무나도 같았기에.

상처

어쩌면 우리가 범하는 대부분의 실수들은 길에서 발을 헛디뎌 넘어지는 것과 별다를 게 없다. 자신의 쓰라림보다 타인의 시선이 더 견디기 힘들어 애써 무시하다 나중에야 발견하는 상처처럼 말이다.

사는 게
심심하면
사고를 쳐

"일할 거야? 해서 뭐해. 나랑 놀러 가자."

언제 그 긴 여행을 했냐는 듯 어느새 내 자리에 적응을 하고 있을 때쯤 삼촌에게 전화 한 통이 왔다. 일해서 뭐하냐는 말이 참 삼촌답다. 말이 나온 김에 우리 삼촌 이야기를 해 보자면 방년 오십 하고도 몇 살을 더 드셨다. 정확히는 모르는데 알아 뭐하겠나 싶다.

삼촌은 내게 아버지의 부재를 느끼지 못하게끔 가장 역할을 대신 해 준 고마운 사람이면서도 동시에 어려운 존재였다. 무슨 이야기냐 하면, 어릴 적 할머니나 할아버지에게 대들 때면 할머니는 나를 타이르다 결국 "삼촌한테 이른다." 하셨고 나는 그 말을 들으면 생떼를 쓰다가도 뚝 하고 그치곤 했다. 마치 이솝우화의 호랑이 이야기처럼 말이다.

삼촌은 내게 교과서 속 가장처럼 위엄 있고 본인의 주관이 뚜렷한 사람이었다. 어릴 때 방문을 열면 항상 책을 읽고 계셨는데, 무슨 책인지는 정확히 모르겠으나 한 가지 확실한 건 모든 책의 두께가 정말 굵었다. 워낙 사나운 인상인 데다 똑똑하기까지 한 그의 말은 어린 시절의 나에게 여지가 없었다.

삼촌은 결혼을 꽤 늦게 했다. 그것마저도 이제는 10년이 훌쩍 넘었지만 말이다. 때문에 삼촌이란 호칭도 진즉 작은아버지라 바뀌었어야 하는 게 맞지만 왜인지 삼촌이란 이름 속에 담겨 있는 추억을 잃는 기분인지라 나는 여전히 그를 삼촌이라 부른다.

언젠가 내가 삼촌에게 "술 한잔하자." 말할 수 있게 되었을 때 그는 기뻐했다. 아마 많은 감정이 교차했을 것이다. 그 후로 우리는 가족이라는 벽 근처에 앉아 많은 이야기를 나누기 시작했다. 특히 기억에 남는 이야기가 몇 가지 있는데 그중 하나는,

"사는 게 행복하냐?"

"아직은."

"그럼 된 거야. 사는 게 심심하면 사고를 쳐. 그렇게라도 사는
거야."

그러고 보면 삼촌은 내가 하는 일에 결과를 바라지 않았다.
값나가는 입시 학원을 등록해 놓고 힘들다는 핑계로 출석에
해이해도, 수능을 두 번이나 치러 놓고 대학에 가지 않았어
도, 그동안 모아 둔 돈이 하나 없어도 삼촌은 단 한 번도 나
를 나무라지 않았다. 그저 때때로 술에 취해 "너희 아버지처
럼 살지 말아라." 하며 속상함을 드러낼 뿐, 마치 지금의 자리
에서 내가 이만큼 자라기를 기다리기라도 한 사람처럼 언제
고 나를 이해했고 존중했다.

"동경아. 오십이 넘으니 이제 세상이 좀 보여. 어차피 언젠가
늙고 죽는 거야. 서두르지 말고 화내지 말고 살면 되는 겨."

스물여섯이 된 나는 여전히 눈에 보이는 것에 조급하고, 버스
벨 누르는 것 하나에도 신경을 써야 할 정도로 소심하고, 늘
어 가는 나이만큼 걱정도 많아졌다. 어린 시절의 내가 자라

겨우 내가 되는 동안 삼촌은 어느새 무섭기만 한 존재에서 내 인생의 조력자이자 친구가 되어 있었다.

얼마 전 우리는 함께 떠났다. 그곳에서 생전 처음 보는 얼굴을 하고 좋아하던 그의 모습을 보다 문득, 아득해지는 기분을 느낀 건 왜였을까. 무수한 색이 섞여 검은색을 만드는 것처럼 숱한 감정이 한데 섞여 나의 마음을 잠시 어둡게 했다.

젊을 때 여행하지 않은 것이 후회된다는 그의 말에, 벌써 힘에 부친다는 그의 말에 여행을 마치고 돌아오는 비행기 안에서 마음이 꽤 소란했다. 훗날 내가 삼촌보다 더 강해지는 날이 온다면 나는 어떻게 해야 할까. 강건하시던 할아버지가 한순간에 무너지던 그 모습을 또다시 기억해 내야 하는 걸까. 영원한 건 없다는 걸 알면서도 영원이란 걸 믿고 싶은 내가 영원히 그리워하지 않을 그 시간을 말이다.

설레는 마음을 잊는다는 건

사람은 나이가 들수록 설레는 마음을 잊는다 했다. 해 봤던 거라서, 오래도록 해 보지 못한 거라서, 해 봐야 똑같다는 생각에 마음이 좀처럼 움직이지 않는단다. 그러니까 우리는 살면서 계속해서 전보다 나은 것을 찾기 때문에 이미 겪어 본 것에서는 설레기가 어렵달까. 그 대표적인 예가 아이와 어른의 감탄의 정도 차이다.

지나가는 꼬마를 1분만 바라보자. 그 아이에게 세상은 신기한 것투성이다. 아무렇게나 뿌려져 있는 모래알도, 움직이는 작은 벌레 하나도 새롭기만 해서 그들은 있는 대로 느끼고 느낀 대로 소리친다. 그에 반해 어른이 되어 버린 이들은 이미 많은 것에 무뎌졌기 때문에, 나보다 남을 신경 써야 하기

www.firstfloorportobello
Ground Floor
BAR
The Rhythm
of
The Streets!
A Event!
For Kids, NOW!

때문에, 긴 세월 동안 본인의 취향이 너무 확고해져 버렸기
때문에 많은 감정을 삼켜 버린다.

여행을 마치고 돌아와 만난 친구들은 심심찮게 묻는다.
"너는 하도 많은 것을 봐서 이제는 웬만한 건 감흥 없겠다.
그렇지?"

예전 같았으면 말 같지도 않은 소리라며 파리에서 먹은 빵이
맛있다고 한국에서 평생 안 먹을 거냐 했겠지만 왜인지 이번
엔 아니라고 답할 수 없었다.

나는 어릴 적 지리산 절에 갔을 때 보았던 별들을 평생 잊지
못할 줄 알았다. 그러나 시간이 흐르고 캐나다 집 앞 공원에
서 보았던 별하늘에 지리산 언저리의 밤은 언제 그랬냐는 듯
기억에서 잊혔다. 그리고 그 기억은 또다시 모로코 사하라
사막의 별에게 보란 듯이 묻혔고, 반년이 지나 이집트 시나이
산 건너 하늘에게, 나미비아 사막에게, 안나푸르나 베이스캠
프에게 서서히 자리를 빼앗기고 말았다.

그리고 지구 한 바퀴를 돌고 다시 돌아온 서울의 하늘은 더

이상 내게 그리 큰 감동을 주지 않았다. 물론 워낙 좋아하던 한강의 야경이야 여전히 기분 좋은 풍경이지만 어디서나 보이는 북두칠성과 인공위성 등 몇 개의 빛을 보고 "어, 별이다!" 할 만한 에너지가 이제 내게는 없다.

여행 가방을 싸는 일도, 옆자리에 있게 될지도 모르는 누군가를 만나러 가는 일도, 그 언젠가부터 하고자 했던, 하고 싶은 일을 하려는 시도조차 설렘이란 감정은 무기력 앞에 힘을 쓰지 못했다. 아, 나도 어른이 되어 가는 걸까. 하릴없이 일기장을 뒤적거려 본다.

평소 즐겨 입던 바지가 찢어졌다. 본래 뜯어져 나온 형태였지만 주저앉는 힘이 강했던지 무릎 부분의 구멍이 꽤나 커져 버렸다. 그런데 뭐, 딱히 나쁘지 않다. 아니 사실은 꽤 마음에 든다. 몇 년을 유지해 오던 모양새가 바뀐 덕인지 마냥 새롭게 느껴진다. 괜스레 기분도 들뜨는 것만 같고. 이렇게 크고 작은 설렘은 어디서든 갑작스레 찾아와서 도무지 마음에 준비할 시간을 주지 않는다. 그것이 작든 크든 무엇이 되었든 대단할 필요는 없다. 고작 찢어진 바지면 뭐 어때. 흩날리는 바람 냄새에도 향수에 젖는 것이 인간의 감성이 아니던가?

— 2015년 6월 어느 날의 일기

설레는 마음을 잃어 간다는 쓸쓸함과 무언가에 설레야만 할 것 같은 압박감 사이를 걷던 요즘의 나는 그 언젠가의 나에게 크게 혼이 났다. 설레지 않는 것. 어쩌면 가장 별거 아닌 이야기일지 모른다. 설렘은 당시 상황에 가장 크게 간섭받는 예민하고 줏대 없는 감정이니까.

가만 생각하면 내 안에 존재하는 모든 감정 중에 설렘이란 녀석이 가장 독립적이지 못하고 쉽게 무뎌진다. 얼마나 여리고 어려서 계속해서 대단한 걸 찾으려는 걸까. 외로움은 똑같은 상황이 와도 외롭고, 화가 나는 상황은 수백 번 마주해도 화가 나는데 설레는 감정은 희한하게 몇 번 이상 반복하긴 힘들다.

그래. 이게 다 그 녀석이 약한 탓이다. 긴 여행으로 지쳐 있는 나에게 다시 여행 가방을 싸는 일은 일상의 탈출이 아닌 그저 무언가를 행함의 연속으로 받아들여질 수밖에 없었고, 갑자기 생겨 버린 시간과는 상관없이 마음의 여유가 부족한 내

248

게 누군가를 만나는 일이 부담으로 다가온 것 또한 결코 이 상한 게 아니었다.

설렘을 잊는다는 것은, 어쩌면 나이와 경험과는 무관하게 그 저 그 녀석이 제 기능을 못하도록 다른 감정들이 방해를 하 고 있는 것뿐일지도 모른다. 예컨대 감정적 여유라거나 자그 만 것에도 순위를 매겨야 직성이 풀리는 사회적 버릇이라거 나 추억을 비교하는 건방진 마음의 소리와 같은 것들 말이다.

발밑의 하늘

높게만 느껴지던 하늘을 발아래에 두고

넓게만 느껴지던 세상을 종이 한 장에 담는다.

이제는 높게만 느껴지지도 넓게만 느껴지지도 않으니

나 그만 용기 내어 그대를 내 안에 두고

마음으로 한 번, 그 사이 짧아져 버린 연필로 또 한 번

그대를 숱하게 그려 보런다.

검사받는
일기

특이하게(?) 나는 어릴 때부터 단 한 번도 어른이 되고 싶다 생각한 적이 없다. 애초에 엄마, 아빠, 가족에 대한 동경도 없었거니와(소꿉놀이조차 지루했다.) 주위에 나의 성장을 촉진시킬 만한 멋진 어른이 없었다. 그러나 딱 한 번, 초등학교 졸업반 시절에 이제 중학생이 되면 더 이상 일기를 쓰지 않아도 된다는 생각에 살짝 설레긴 했다.

어렴풋한 기억이지만 나는 일기를 제때 쓴 적이 없는데 솔직히 약 두 달 남짓의 방학 내내 매일 일기를 쓴다는 건 애초에 말이 되지 않는 일이다. 일기는 자고로 개학 일주일 전 두 달 치를 몰아 쓰는 맛인데 나는 대부분 대충 발로 그린 그림일기로 때우거나, 밥 먹고 고모랑 남산에 다녀왔다는 꾸며 낸 하루(가긴 갔는데 일기에 쓴 날엔 안 갔다.)를 적거나, 어린이 시집을 그대로 베끼곤 했다.

일기가 싫었던 이유는 여러 가지였다. 일단 귀찮았고 일기를 검사받는 게 싫었다. 당시 성적표에 '보통'이 최고 등급인 줄 알았던 13세 미만의 동경이는 평소 구두약을 건드려 본 적도 없지만 일기 속에서는 삼촌의 구두를 정기적으로 닦는 착한 조카였고 할아버지에게 대들지 않는 착한 손녀였다.

그렇다고 마냥 상상으로 가득 찬 일기는 아니었다. 하루는 할머니한테 소리 지르는 할아버지가 밉다고 적었는데 선생 님한테 불려 갔다. 그러면 안 된다고. 그리고 초등학교 3학년 땐가 엄마가 찾아왔다고 적었는데 또 불려 갔다. 발표가 하 고 싶어 질문에 대한 답을 교과서 빼곡히 채우고도 손 들 용 기가 없어 주먹을 꽉 쥐고 말던 그 시절의 일기장은 그런 불 편한 상황을 피하기 위해 행복하기만 해야 했다. 독자가 존 재하는 일기라니. 그런 사생활 침해가 또 없다.

하여간 나는 그렇게 꾸며 낸 일기장을 6년이나 검사받은 후 에야 초등학교를 졸업할 수 있었고 그와 동시에 일기에서 해

방됐다. 그러나 나는 여전히 일기에 온전한 나를 담지 못했고 여전히 담지 않고 있다. 마치 누군가 들춰 볼 것만 같달까.

그렇게 목매던 동그랗고 파란 도장처럼 찍어 낸 과정을 겪어 어른이 된 나는 나름 솔직하다는 평을 받는 성격을 갖고 있다. 그러나 그들은 지극히 솔직할 수 있는 주제 안에서만 솔직한 나를 알지 못한다. 그저 재미없는 회사 상사의 유머에 웃지 않을 배짱이 있을 뿐 정작 내 감정에 솔직하지 못해 때때로 사랑하는 이에게 속을 모르겠단 이야기를 들어야만 하는 나를.

그래서일까. 나는 이따금씩 그런 생각을 한다. 어쩌면 내가 살면서 도덕적으로 그른 일을 하지 않을 수 있는 이유도 누군가의 시선에 올바른 사람으로 보이고 싶기 때문일지 모른다고. 내가, 그리고 우리가 스스로에게 솔직하기 어려운 이유 또한 가장 순수하다 표현되어야 할 그 시절부터 누군가에 의해 감정을 빼냈어야 했기 때문일지도 모른다고. 예컨대 나의 하루를 검사받던 일기장과 같이.

일흔 번째 밤

너에겐 쉽지만
내겐 어려운 말

누군가 그랬다. 조언은 남의 상황을 빌려 내게 하고 싶은 말을 하는 거라고. 이처럼 세상에는 남에게는 쉽지만 정작 내게는 어려운 말들이 있다. 그리고 그러한 것들은 어쩌면 객관적인 판단에 애정이 섞여 나타나는 부작용일지 모른다.

그에 대한 가까운 반증이 가족이다. 보호자가 절실했던 열세 살, 그 시절보다 곱절이나 나이를 먹은 지금까지 우리 할머니에게 내가 마냥 걱정거리일 수밖에 없는 이유. 당신의 손녀딸이 무엇으로 돈벌이를 하는지는 개의치 않고 그저 밥 굶는 줄 아시니까. 무엇을 하더라도 덜 힘들고 더 많이 벌고 보다 잘했으면 좋겠는 부모님의 마음이란 게 어쩔 수가 없어서 결국엔 서로의 감정을 상하게 만드는 그런 부작용.

한국에 돌아온 지 얼마 되지 않아 평소 친하게 지내던 Y의 집을 찾았다. 우리는 언제나 그랬듯 배가 고플 즈음이 되어서야 서로의 출출함 확인을 위한 대화를 나누었고 그날 저녁은 모처럼 Y의 가족과 함께하게 되었다. 당시 시기적으로 Y의 출국이 얼마 남지 않은 시점이었던지라 오랜 시간 떨어져 지내본 적 없던 Y와 가족들 사이에는 애써 숨기고 싶은 서운함이 짙게 깔려 있는 듯했다.

한 잔 두 잔 술잔이 오가고 Y 어머니의 발음이 조금 꼬이기 시작할 때쯤, 그녀는 내게 말했다.

"동경아, 너 참 대단하다. 멋있어. 근데, 솔직히 우리 Y도 대단하잖아. 엄마가 봐도 되게 멋있어. 그렇잖아? 근데 Y가 내 딸이라서 마냥 멋있다고 할 수가 없어. 너무 걱정되거든."

뭐랄까. 전혀 어른 같지 않은 말에 나는 적잖이 당황을 했다. 아니, 조금만 정정하자. 그녀의 말은 '여느' 어른 같지 않았

다. 그 여운이 너무 길어 글로 쓰지 않고서는 배길 수가 없을
만큼.

남에게는 쉽게 할 수 있는 말이 정작 세상에서 가장 사랑하는
당신 딸에게는 쉽지 않은 이유. 친구의 애인은 마냥 다정해
보이는데 왜인지 내 사람은 부족해 보이는 이유. 내 금쪽같은
원고가 에디터 손에 넘어가기만 하면 부끄러워지는 이유.

그래, 듣기 좋은 말을 하는 건 쉬워도 사랑해서 하는 말은 어
려운 거니까. 우리는 모두 애정에 의해 객관적 판단이 불가능
해진 부작용의 피해자일지도 모른다.

내가
바라는 건

외롭고 허한 감정에 휩쓸려 섣불리 관계
를 만들고 안정기를 되찾으면 싫증 내는 가벼움 말고,
내가 만들어 낸 상대의 모습에 익숙해져 그 사람의 있는 그
대로를 인정하지 못하는 그런 거 말고,

내가 바라는 건 어쩌면 은은함과 미지근함의 차이려나.

외면당한
외로움

지금으로부터 26년 전, 나는 우리 집 장남의 하나뿐인 딸로 태어났다. 그리고 얼마 시간이 지나지 않아 문문의 '물감' 속 가사처럼 엄마는 남이어서 불러 본 적도 없고 편안한 맘이 없어 불편했던 아이가 되었다. 그녀의 남편, 그러니까 우리 집 장남 역시 내게는 그저 가끔 나타나 치킨을 시켜 주던 아빠란 이름을 가진 사내였을 뿐이었다.

뭐랄까. 그래, 이건 내 인생이니까. 우리 할머니랑 할아버지가 그리고 고모랑 삼촌이 나를 어떤 마음으로 키웠는지는 나중에 생각하고, 나는 항상 외로웠다.

외로움을 못 견뎌 하는 사람들의 주변엔 언제나 사람이 많

다. 나는 어릴 때부터 친구들이 우리 집에 오는 걸 좋아했고 친구 집에 놀러 가는 걸 좋아했다. 그러다 밤 11시가 넘어서 들어와 할머니가 대문을 걸어 잠그신 게 한두 번이 아니지만, 어쨌든 친구 집에 놀러 가서 밥을 잘 먹으면 칭찬해 주시는 친구 어머니들이 좋았고 자주 집을 비우시는 할머니 할아버지가 나를 위해 사다 놓으신 안성탕면을 혼자 먹지 않아도 되는 게 좋았다.

내게 외로움이란 태어남과 동시에 부모에게 배워야 할 사랑보다 먼저 알아야 할 감정이었다. 다만 고작 키 122cm였던 내게 그 누구도 외로움이 무엇인지 가르쳐 주는 이가 없었으니 그때에는 그저 심심하다는 형용사가 내가 내뱉을 수 있는 유일한 말이었다.

주위가 산만하고 심심한 걸 못 참는 아이가 어느새 20대 중반이 되었을 때 애써 외면하던 외로움이란 판도라의 상자를 열었다. 지독하게 말하면 지루한 나날의 연속이던 그때의 삶 속에서 날마다 선베드에 누워 끝없는 생각의 여행을 하던 날이 잦았던 탓이었다. 아니, 덕분이려나.

어느 날 밤, 아무 이유 없이 같은 숙소를 쓰던 언니가 잠이 든 후에 등을 마주하고 한참을 울었다. 모든 게 무서웠다. 할머니가 안 계신 내 삶이, 세상에 혼자인 것 같은 내 상황이, 언젠가 돌아갈 그곳에서 이방인이 된 내 모습이 한데 엉켜 눈앞을 까맣게 만들었다.

그때 알았다. 이건 권태도 아니고 두려움도 아니었다. 그저 나는 지금,

"외롭다."

어느 주말 나선 한강 공원에서 꼭 붙어 앉은 사람들을 보며 드는 생각 말고, 나 빼고 다 연애하는 친구들을 보며 인생 부질없다 말하는 그런 질투 어린 마음 말고, 예컨대 누군가로 충족될 수 없는, 온전히 혼자 이겨 내거나 평생 함께해야 하는 외로움.

혹, 어릴 때 선생님이 의지와 배려만큼 외로움에 대해서 설명을 조금만 더 해 주셨다면 진작에 알 수 있진 않았을까. 그래도 30대가 되기 전에 알아서 다행이라 해야 하는 걸까. 그 어

린 시절의 내가 심심하다고 넘겨 왔던 외로움들은 어떻게 위로를 해 줘야 하는 걸까.

이미 누군가를 통해 사랑을 알아 버린 후에는 그것이 무엇인지 모르던 때로 돌아갈 수 없다는 어느 영화 속 대사처럼 나는 판도라의 상자를 연 후에 외로움을 심심한 것쯤으로 넘겼던 때로 돌아갈 수 없었다. 그래서일까. 오랜 시간 외면하다 이제야 알아차려 미안한 마음까지 드는 내 외로움의 색은 왜인지 유난히도 까맣다.

가장
공개적으로
은밀한 곳

글을 쓰겠노라 랩톱 하나 챙겨 들고 카페에 가 앉아 있다 보면 때로는 이어폰에 차단된 바깥 소음이 그리워질 때가 있다. 그래서 나는 귓바퀴가 꽤나 뻐근해질 때면 이어폰을 빼고 푹신한 소파에 기대 팔짱을 끼고 주변을 둘러본다.

누가 그랬는데, 다양한 사람들의 이야기를 가장 쉽게 들을 수 있는 곳은 카페라고. 그게 틀린 말은 아닌 것이 직장 상사의 사이코패스적 성향과 같은 흥미로운 이야기부터 어느 커플의 답은 정해져 있는 푸념과 마치 방문판매를 방불케 하는 어머니들의 열정 어린 목소리가 한데 섞여 내 귀를 간질이는데, 나는 그게 마음에 든다. 뭐랄까. 가장 공개적으로 은밀한

이야기를 듣는 기분이랄까.

하여간 나는 엄밀히 말하면 글 쓴다고 나가서 좋아하는 노래를 듣다가 사람들 이야기를 듣는 걸 반복하다 결국 글 한 줄 쓰지 못하고 돌아오는 게 취미다.

다만 내 취미의 가장 큰 단점은 그 어떤 리액션도 해서는 안 되는 것에 있다. 탄식도, 웃음도 대화를 나누는 이들에게 알려지면 안 된다. 물론 귀를 기울인다는 것 자체가 매너 없는 행동이라 한다면 할 말은 없지만 내게는 그것이 그들에게 할 수 있는 최소한의 매너인 셈이다. 때문에 나는 항상 한 발자국 멀리서 그들의 이야기를 마음으로 함께 곱씹곤 한다.

의자에 비치는 햇볕이 잔잔히 사그라지는 순간에 참을 수 없는 갑갑함 때로는 공감과 실소가 함께 연달아 흘러나오는 곳. 나는 가장 공개적으로 은밀한 곳에서 그들의 이야기를 참 열심히도 엿들었다.

표현이
마음을
못 따라갈 때

요즘 내 삶에 꽤나 큰 이슈인 출판과 직결하는 원고 집필을 방해하는 사람이 있다. 아니, 정정하겠다. 백수일 땐 길기만 하던 하루가 고작 스물 몇 시간밖에 안 되는 걸 개탄스럽게 만드는 사람이 있다. 나름대로 예민하다 생각하며 살았는데 알고 보니 나보다 더한 사람이 있다. 애인과 밥 못 먹는 병에 걸린 내가 편히 밥을 먹을 수 있게 하는 사람이 있다. 오랜 시간 이해하려 하지 않았던 것을 기어코 이해하게 만드는, 내가 사랑하는 사람이 있다.

사랑한다는 말이 괜스레 민망해 에두르다 결국 "네가 좋아. 그런데 내일은 모르지." 하고 말해 버리는 나는, 다정이 부담이 될까 끝끝내 스스로 붙인 배려라는 이름 뒤에 숨어 짓궂은 장난을 치고 마는 나는, 성격이 모나서 무언가를 소중히 생각하기 시작하면 희한하게 표현이 마음을 감히 따라가질 못한다. 나와 그 사람은 그러한 이유로 자주 다툰다. 쉽다 못해 애초에 정해져 있는 마음의 길을 표현이 가로막아 방향을 잃게 한달까.

이따금씩 나는 여전히 내가 겁이 많다는 것을 느낄 때가 있는데 예를 들어 낯선 나라에 발을 딛는 것보다 지나가는 길에 발견한 카페에 들르는 게 망설여질 때, 떠나는 것보다 돌아오는 게 두려울 때, 그리고 사랑하는 사람을 만나는 것보다 그 마음을 표현하는 게 더 어려울 때 그렇다.

더도 말고 딱 한 걸음만 다가가면 될 것 같은데 마치 눈앞에 넘어선 안 되는 경계선이라도 있는 양 왜 이리도 발걸음이 안 떼어지는지. 때문에 나는 사랑하는 사람과의 관계에 있어 한 사코 곱씹는 것들이 있다.

이를테면 할 말과 하지 않아도 될 말 사이의 경계를 지키는 것과 내 것은 숨기고 싶으면서 상대의 모든 것은 알고 싶은 간사한 심리를 억누르는 일 혹은 어느 책에 나온 말처럼 우

리의 세상이 보다 아름답기 위해 샤워할 때 사타구니를 씻는

모습과 같이 서로를 위해 몰라도 되는 것의 범위를 넓히는

방법과 같은.

서서히 잊혀져 가더라도

누군가에겐 여전히 간절한 것.

불완전한 것들

내가 하는 여행은

그저 드넓은 자유를 걸어

깊은 우연의 숲에서 당신을 만나

우리만의 이야기를 만들어 가는 것.

녹슬지 않는 밤

나는 시답잖은 일에 감동하는 것을 좋아한다. 이를테면 숲속에서 발견한 별자리를 사막 한가운데서 다시 마주했을 때, 헝가리의 한 운전수가 두 손으로 먼저 가라 말해 주었을 때, 부둣가에 일어나는 파도와 함께 누워 짙지 않은 밤하늘을 바라보았을 때, 여름에 만난 당신이 어느새 두터운 코트를 입고 내 앞에 섰을 때처럼.

감동이란 감정이 영원히 녹슬지 않았으면 좋겠다. 오래도록 사사로운 것에 흔들리고 무너지며 기꺼이 동요당할 수 있었으면 좋겠다.

———— 그리고,

이름만으로도 마음을 적시는 그녀와, 가슴속에 머금은 꽃향
기가 은은한 그녀. 불온한 어른을 넘어 완숙된 인간이길 바
라는 그녀와, 한 줄의 글조차 멋쩍어 할 오랜 그녀들. 불운이
익숙하다는 그녀의 입가에 기분 좋은 미동을 바라며,

새카만 밤을 기어이 들춰내야만 하는 것이 새벽의 숙명이라
면 계속해서 떠나야 하는 것은 그녀들의 일. 그들에게 오래도
록 그윽한 사람 냄새가 맴돌길 염원하는 마음으로.

입에서 입으로 빗물을 담아,
나의 모든 이야기가 되어 준 그녀들에게
이 책으로나마 밀도 높은 애정을 표한다.

기억이 머무는 밤

초판 1쇄 2018년 1월 2일

지은이 현동경

발행인 유철상
기획 황유라
책임편집 황유라
마케팅 조종삼

펴낸 곳 상상출판
출판등록 2009년 9월 22일(제305-2010-02호)
주소 서울시 동대문구 정릉천동로 58, 103동 206호(용두동, 롯데캐슬피렌체)
전화 02-963-9891   팩스 02-963-9892   전자우편 cs@esangsang.co.kr
홈페이지 www.esangsang.co.kr
블로그 blog.naver.com/sangsang_pub

ISBN 979-11-87795-49-0 13980

이 도서의 국립중앙도서관 출판예정도서목록(CIP)은 서지정보유통지원시스템
홈페이지(http://seoji.nl.go.kr)와 국가자료공동목록시스템(http://www.nl.go.kr/kolisnet)에서
이용하실 수 있습니다. (CIP제어번호 : CIP2017033794)